Einfach Einstein

跟着爱因斯坦学物理

［德］吕迪格·瓦斯（Rüdiger Vaas） 著　　［德］贡特尔·舒尔茨（Gunther Schulz） 绘

余荃 译

CTS　湖南科学技术出版社　小博集

目 录

杰出的思想巨匠

"重要的是，不要停止发问。好奇心有它们存在的理由。面对永恒、生命或现实的奇妙构造的奥秘，我们除了感到虔诚的敬畏之外，别无选择。我们要做的，就是每天尝试着去掌握这些奥秘中的一小部分，那就足够了。永远不要失去神圣的好奇心。"

艰难的开始

这"开始"并不容易。让我们把时间拨回 1902 年春。那时候，爱因斯坦的前途似乎并不明朗：失业、不名一文、失去孩子，学术生涯也遭受了挫折。

爱因斯坦在苏黎世联邦工学院¹——这个他曾经在此修习物理学和数学的母校——谋得助理职位的愿望未能达成，在德国、荷兰与意大利的屡次求职均以失败告终，提交的博士论文被拒，学术前途一片渺茫。谋求教师职位也不顺，爱因斯坦只得另寻他法，看看能不能做家庭教师或补习老师，好赚

---

1 苏黎世联邦工学院就是苏黎世联邦理工学院的前身。——译者注

取一些收入。他的父亲在经历了数次破产之后，亦无力扶助他，不久之后就去世了。学生时代的爱因斯坦满怀愧疚，曾对妹妹说过这样的话："对家人来说，我实在是个负担。我要是死了，一切就都好了。"

更糟糕的是，一幕人间悲剧也在此时上演。爱因斯坦的同窗兼爱人米列娃·玛里奇补考未能通过，而且还怀孕了。爱因斯坦艰难的求职进程和紧张的财务状况，再加上父母的强烈反对，让他们结婚无望。米列娃在诺维萨德的父母家生下了一个女儿。但是，爱因斯坦却从未见过她。这个孩子一直在匈牙利[1]，有说早夭的，也有说被别人收养了的。

专利局中的革命

不久之后，命运的转机到来了。1902 年 6 月，爱因斯坦谋得了一个伯尔尼专利局的工作，职位是"受人尊敬的瑞士联邦蹩脚墨客"（他如此称呼自己）。他租了好公寓，与米列娃结了婚，重新回到了物理学研究领域。这段时间，爱因斯坦时常与他的好友莫里斯·索洛文、康拉德·哈比希特和米凯莱·贝索交流，收获颇多。

但是，到了 1904 年，当时尚且寂寂无闻的爱因斯坦已在颇有声誉的学术刊物《物理学年鉴》上发表了 5 篇学术论文。1905 年，被科学史学家们

---

1 诺维萨德在当时归奥匈帝国的匈牙利王国管辖，今属塞尔维亚。——编者注

称为爱因斯坦"奇迹年"的一年，时年 26 岁的爱因斯坦在短短 6 个月中又写了 5 篇论文。现在来看，这几篇论文具有划时代的伟大意义，永久性地改变甚至创立了物理学的三个领域。

爱因斯坦证明了物质是由微小的粒子（原子和分子）构成的，这在当时是极富争议的观点。他认识到，辐射与能量并不是连续的，而是可以分成一份一份的——这是他认为自己理论中唯一的"激进"之处。他用狭义相对论为所有物理学理论创建了一个新的框架，彻底改变了时间和空间的概念，并发现质量和能量在本质上并没有什么区别，只不过是一个硬币的两面而已。在此之前，尚无人能够如此迅速而全面地对物理学进行发展，并将物理学置于一个全新且直到今日仍旧十分稳定的基础之上。

关于本书

本书是一本爱因斯坦的"智识历险记"。虽然是"历险"，但你不必担心，这不会需要多少专业知识。（倘若想了解更多的细节，比如基础物理学和宇宙学研究前沿，以及爱因斯坦留给我们的"万物理论"[1] 未解之谜，可参阅本书作者的其他著作。）书中也将讲述爱因斯坦科学思想产生的相关历

---

1 又称"万有理论""世界公式"，指的是假定存在的一种具有总括性、一致性的物理理论框架，能够解释宇宙的所有物理奥秘。——译者注

史背景，此外，还可一窥爱因斯坦的个性魅力。

爱因斯坦是一位语言艺术家，他思维敏捷、妙语连珠，出自他口中的警句妙语甚至多到了被编撰成书的程度。当然，这并不是他的全部贡献，甚至连主要贡献都算不上。爱因斯坦在语言方面的最大贡献，是让人类的语言更加精确，并且大大延展了语言的广度——他创造了一门用来描述宇宙的语言。这门极具数学准确性的物理学语言是一种十分强大的工具，它可以对通过观察和实验得出的自然过程的特性及规律进行概括、浓缩，并尽可能精确地、定量地把握它们。这并不是一套简单的语言系统。和其他任何一门自然语言一样，我们都需要通过学习才能掌握它。另外，它并不是一成不变的，而是始终随着新出现的挑战不断地发展变化着。对它的解释也是如此。事实上，正是这门语言让爱因斯坦最伟大的理论建树变得易于理解，它撼动了物理学的根基，彻底颠覆了时间、空间、物质、能量和引力的概念。

我们可以把狭义相对论理解为之前不可调和的两种物理学语言的释义与融合。它赋予了时间和空间、同时性和现时性、能量和质量新的含义（第9页起），这些概念我们乍一看似乎十分熟悉，但深究起来却并非如此。爱因斯坦用广义相对论——这一人类思想最伟大的成就之一——彻底颠覆了经典物理学的语言，同时也使之更加精确和完善（第33页起）。自此以后，宇宙舞台就再也不能与在其中上演的戏剧分开理解。宇宙第一次可以被当作一个整体来描述，这是一次巨大的视野上的拓展（第87页起）。所有的这些并不只是单纯的文字和公式的堆砌，而是经过了严格的批判和艰苦的实验，被出色地证明了的。由此，我们可以说，相对论是人类历史上迄今为止最精确、最伟大的理论（第61页起），甚至与我们的日常生活都息息相关。更加令人称奇的是，相对论与爱因斯坦创造的另一门语言却完全不相容，这门新的语言为我们打开了微观世界——光怪陆离的量子世界（第107页起）。爱因斯坦终其一生都在从事科学研究，致力于发展一套通用的"词汇"，但直至今日，他的愿望仍未达成。

一个巨大而永恒的谜

尽管博学多识，爱因斯坦却始终保持着谦逊的态度，他总是能清晰地意识到自我智识的局限。"能惊喜地预见这些奥秘，怀着谦逊的心努力去理解自然神奇的结构，有一个大致的把握，对我来说就已经足够了。"爱因斯坦如是说。但他不得不承认，自己对宇宙具有合理的基本结构很有信心："整个宇宙中最令人难以理解的事，就是我们可以理解它。"他甚至在 1951 年的一封信件中如此写道：

> "在漫长的人生中，我学会了一个道理，那就是，用于衡量事物的一切科学如孩童般原始幼稚，但却也是我们所拥有的最宝贵之物。"

爱因斯坦不仅是一位杰出的思想巨匠，还是一个喜欢独自思考、极为坚持己见甚至堪称固执的个人主义者（他自己也常常称自己是"独行者"）。他讨厌唯名是图和引人瞩目——名满世界之后，萦绕在四周的各种炒作令他不胜其烦。"与个人崇拜有关的一切都令我尴尬。"在逝世前的那一年，他还在一封信中如此写道。早在少年时，爱因斯坦就尝试过把自己"从'仅仅作为个人'的樊笼中，从那种受欲望、希望和人类原始情感支配的现世困境中解脱出来"，他在 1946 年的自传中如此写道：

"在我们之外，存在一个巨大的世界，它独立于我们人类而存在。它就像一个巨大而永恒的谜，站在我们面前，只有一部分是我们的观察和思维所能及的。对这个世界凝视深思，我就仿佛得到了解放。"

爱因斯坦清楚地意识到，并非每个人都能对日常事务、社交应酬和往来交游应对自如。然而，他自己却终其一生都积极参与公共事务，甚至是政治活动。这一事实表明，一个关注现实的入世之人是可以非常具体地丰富和改善世界的。爱因斯坦在 1920 年时曾经如此说道：

"在我看来，知识分子对民族和解与人类永久团结的最大贡献，就在于他们的科学成就和艺术创作，因为这些成果提升了人类的精神，使之超越了个人和民族的目标。"

　　假如爱因斯坦有一个双胞胎兄弟以接近光速的速度在太空遨游了一番之后返回地球，那么这个爱因斯坦的时间要比地球上那个爱因斯坦的时间走得慢得多。

时间、空间和 $E = mc^2$

"在喜欢的姑娘身边坐了两个小时，你会觉得仿佛只过去了一分钟；但是，在火炉旁边坐一分钟，你会觉得像是过了两个小时——这就是相对论。"

日常现象中隐藏着奇异的自然定律和令我们无比震惊的内在联系。微小的物质能够释放出巨大的能量，长度在接近光速运动的时候会收缩，时间则会无限膨胀。这就是狭义相对论的预测。通过狭义相对论，爱因斯坦彻底变革了世界的物理描述。他攻克了经典力学和电磁学理论之间一直以来都无可调和的矛盾，将时间、空间、辐射和物质的关系置于新的基础上，并撼动了"同时性"的概念。此外，通过他那著名的方程式 $E = mc^2$，爱因斯坦还认识到，能量和质量构成了一个统一体——这是理解核裂变与核聚变以及反物质的前提条件。这样一来，就出现了一个基本的限制条件：一般物质的运动速度无法达到光速或比光速更快，因为这需要无限的能量。

以太¹理论的终结

爱因斯坦于 1905 年 6 月 30 日提交了狭义相对论的论文，文中解答了当时物理学的两大难题。其他的科学家也在研究这两大难题，且有时候几乎已经接近正确答案了。但是，却始终没有人像爱因斯坦那样彻底转变角度来解开错综复杂的问题，他们并没有意识到，这两个问题是不可能通过耐心以传统方式拆解的。其实，爱因斯坦对"相对论"一词不甚满意。"我承认它并不完美，且有可能引起哲学上的误解。"他在 1921 年的一封信

如果真的存在能够束缚光和其他电磁波的以太，那么在精密的实验中，就理应出现"以太风"。

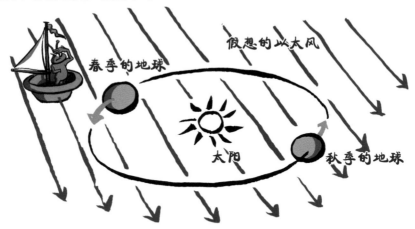

假想的以太风

春季的地球

太阳

秋季的地球

---

1 古希腊哲学家所设想的一种介质。17 世纪时为解释光的传播以及电磁和引力现象又重新提出。当时认为：光是一种机械弹性波，其传播媒介是称为以太的弹性介质。它无所不在（包括真空和任何物质内），没有质量，但有极大的刚性，而又"绝对静止"。［《辞海》（第七版）］——编者注

中如此写道，因为该理论并未证明一切都是"相对的"，同时它也指出了适用于所有参考系、不依赖于主观视角和坐标的普遍规律。

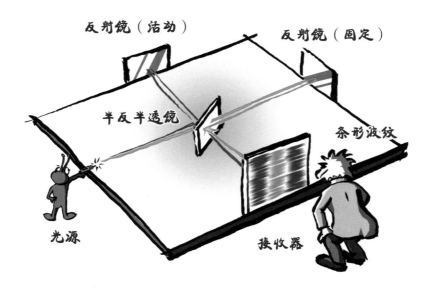

　　如果以太真的存在，那么当地球相对绝对静止的以太运动时，两条相互垂直的光线的传播速度就应该有所不同。迈克耳孙－莫雷实验对此进行了验证。一束光通过半反半透镜被"分离"成两束后，分别射向两个方向，经不同的反射镜反射后，最终聚在接收器上。通过对设备进行旋转，这些光可以与假想的以太风呈不同角度相交。从静止的观察者角度来看，地球运动方向上的光束应该比与其垂直的光束慢一些。如果以太真的存在，那么同时发射出的垂直与水平方向的两个光束，其波峰与波谷将不会同时抵达接收器的屏幕。这种光的干涉将在接收器上形成典型的条形波纹——但事实上这种波纹却没有出现，因而以太也并不存在。

其中一个问题是理论和经验（或现实）之间的直接矛盾，另外一个是两种已经在实验中得到充分证明的理论之间的矛盾。如此致命的困难对形成一个统一的、令人信服的世界描述来说犹如毒药，但同时也是寻求更加完美的世界描述最为强大的动力。

第一个问题是关于是否存在以太这样一种可以充满整个宇宙的介质。电磁辐射（例如光和无线电波）应当以类似于声波在空气中传播的方式，在以太中进行传播。这是基于当时已得到证实的电磁学理论的。

如果关于以太的假设是正确的，那么地球上光线传播的速度应该有所不同——每条光线的速度都取决于它们穿过以太的方向。因为地球是以约30千米/秒的速度相对以太围绕着太阳公转，光线有时会沿着地球的运动方向传播，有时则垂直于地球的运动方向，还可能与地球的运动方向相反。然而，自1881年以来，所有相关的精密实验，包括美国人艾伯特·亚伯拉罕·迈克耳孙和爱德华·威廉姆斯·莫雷的实验，均未能证实该效应。而根据狭义相对论的观点，以太介质也是不应存在的。"我们不需要引入光以太。"爱因斯坦在他这项具有开创性的成果中如此表述道。因此，狭义相对论宣告了以太理论的消亡。

令人兴奋不已的矛盾

另一个问题是理论上的。虽然这个问题听起来有点儿抽象，但却源于日常的经验。有时候，你无法判断自己到底是处在静止状态还是运动状态。这并不是精神或心理问题造成的。经常坐火车的人一定都注意过这样一个现象：当你望向车窗外，或盯着反光的车窗玻璃时，会觉得旁边铁轨上的火车在驶离车站……而事实上却是自己的火车在动。反之亦然。如果你能够感受到加速的力量，就能看穿这一假象，但有时候，你过于困倦，或是沉浸于一本好书之中，就只能用眼角余光去察看火车的运动。

爱因斯坦很喜欢用火车的例子来解释运动的相对性。他如此写道：

"当乘坐一列匀速直线运动且窗户被遮挡的火车时，乘客无法确定火车的运动方向和速度。假如火车能做到不摇晃，乘客甚至不能确定这列火车是否正在行驶。抽象一些来说就是：在一个相对原始参考系（地面）做匀速直线运动的系统（火车）中，一切定律都与原始参考系（地面）中的定律相同。我们将其称为匀速直线运动的相对性原理。"

伽利略·伽利莱和艾萨克·牛顿已经在经典力学中运用了这一原理。相对做匀速直线运动的观察者是无法确定自己的绝对运动状态的。双方的视角是等价的，没有任何一个参考系是具有绝对地位的。因此，一个参考系中的事件完全可以转移到另一个参考系中。我们要做的就是把这个事件从一个坐标系"转换"到另一个坐标系中去。转换时可以使用的参考系变换规则就是

绝对时间!
绝对空间!

伽利略变换。它适用于经典力学中的所有惯性参考系,即静止或做匀速直线运动的参考系。

在侧线停放或相对做匀速直线运动的火车就是这种惯性系的经典例子。在这类惯性系中进行物理实验,你将会得到同样的结果,并从中得出相同的自然定律。

进行一致的坐标转换,即存在清晰的转换规则,非常重要。因为自然定律并不取决于科学家的心情。因此,牛顿提出,要将绝对时间和绝对空间作为物理学的基础:在宇宙中的所有地方,单位时间和单位长度都是不变的,且对于所有观察者都是一样的,无论观察者的运动速度有多快。举个例子,一个竭尽全力奔跑的人和一个躺在沙滩上不动的人,都不应对物理方程式产生任何影响。

牛顿认为,时间的流逝是绝对的,与外部环境无关;时间和空间构成了一个上演着规定剧目的刚性的宇宙舞台;时间间隔和同时性也因此与参考系和视角无关。而这些恰恰就是狭义相对论所驳斥的观点。

对爱因斯坦来说,第二个较为关键的问题是经典力学与电磁学理论不相容。电磁学理论的核心内容是电动力学的麦克斯韦方程组。在前人完成了一系列前期工作之后，詹姆斯·克拉克·麦克斯韦于 1864 年提出了这一"自牛顿以来物理学领域发现的最深刻、最丰硕的成果"——爱因斯坦在 1931 年麦克斯韦百年诞辰纪念会上如此评价。

从两个相对做匀速直线运动的观察者的角度对同一个物理过程进行描述，在经典力学和电磁学中并不一致！因而，麦克斯韦方程组就需要一个不同于经典力学的转换规则，即洛伦兹变换。该变换得名于亨德里克·安东·洛伦兹。

坐标系必须使用两种不同的转换规则——这简直让人精神分裂。这会使我们对事件的描述分裂开来，即使这个世界是统一的整体。更何况电磁学现象和力学现象还会相互影响。爱因斯坦认为，这两种已在实验中得到完美验证的物理理论之间存在的根本性矛盾是令人"难以容忍"的。而这就成了爱因斯坦革命性思考的起点。他不愿接受我们只有一个世界却需要两个截然不同的转换规则：伽利略变换和洛伦兹变换。

尽管这个抽象的问题对我们来说似乎有些陌生、无聊，但它却让爱因斯坦和他同时代的科学家们兴奋不已。让他们百思不得其解的正是电动力学（还有以太的问题）。因此，爱因斯坦将自己那篇划时代的相对论论文命名为《论动体的电动力学》就并非偶然了。单从题目看来，这似乎只是一篇平平无奇、略有些奇怪的论文，但它实则引发了物理学的一场革命，使我们对时间和空间，以及之后的物质和能量都有了全新的认识，尽管爱因斯坦只是深信：

"所有的科学不过是日常思维的提炼。"

狭义相对论——时间和空间是相对的

简而言之，爱因斯坦提出的解决方案就是否定力学的转换规则，因为他已经认识到只有电动力学的转换规则是有效的。爱因斯坦发现，只要放弃了绝对时间和绝对空间的假设，矛盾就会迎刃而解。

狭义相对论不仅是一场数学思维风暴，还是一种结论可被验证的物理理论。根据狭义相对论所做出的预测与之前的物理理论部分矛盾，但却可为实验所证实。这就是其成功的秘诀，也是一个好的自然科学理论强大说服力的证明。

爱因斯坦提出了两个假设，直到今天它们依然能够出色地证明自己的价值。正是这两个假设，构成了狭义相对论的核心。

相对性原理：物理定律在一切静止或做匀速直线运动（非加速运动）的参考系中都具有相同的形式。

光速不变原理：光速在一切参考系中都是相同的（真空中测量）。

基于这两条原理，爱因斯坦证明了，建立在绝对时间和绝对空间的假设之上且在数学上基于伽利略变换的经典力学的物理框架已经无法解决新问题。在高速运动中，它就会失去解释力。我们必须用一个新的计算规则来替代伽利略变换，那就是麦克斯韦方程组的洛伦兹变换，这是唯一可以满足所有坐标系的转换规则。

狭义相对论具有很强的一致性，它一口气解决了涉及力学和电动力学的所有问题，也使我们不必再把静止的参考系假设成什么基础的或特殊的东西了。

大多数日常情况下，洛伦兹变换的修正系数都低于可测量范围。即使在天体力学中，出于许多目的，也是可以忽略不计的。以地球围绕太阳公转的速度（30 千米 / 秒）为例，偏差仅为百万分之一。因此，伽利略变换只是一个近似正确但严格来讲却是错误的规则。爱因斯坦证明了洛伦兹变换不仅适用于电磁学的现象，还适用于经典力学的现象。

这一理论性突破的代价是必须重新定义同时性，即：绝对时间是不存在的，时间取决于各自所在的参考系！对一个观察者来说同时发生的事情，对于另一个观察者来说却并非如此，如果后者在另外一个位置以同样的速度移动，或者在同一位置以更快或更慢的速度移动的话。

因此，时间间隔和空间间隔不是普适的，而是相对的：时间可以膨胀，空间可以收缩。这与我们的日常经验是截然不同的。但它所遵循的是无可辩驳的逻辑，后来也被众多实验完美地证实。

但并非一切都是相对的。爱因斯坦认为，与所有相对的位置、运动和速度不同，光速是不变的，与参考系无关。它是一个普适的自然常数，在任何地方和一切参考系中的值都相同：真空中 299 792.458 千米 / 秒。光速是绝对的，它是时间、空间、物质和能量之间的基本联系，赋予了整个世界秩序一个清晰的结构，这一结构具备客观的因果关系。就这一点来说，相对论也可以被称为"绝对论"。

时间膨胀，长度收缩和双生子佯谬

狭义相对论最令人困惑的结论之一就是时间膨胀，或者叫时间延缓：对于快速运动的时钟，以及一切过程，其时间流逝得要比慢速运动或静止的时钟（及过程）慢。

"一只以速度 v 运动的时钟——从一个静止系统中看——要比其静止的时候走得慢。"

在接近光速的运动中的巨大的时间膨胀引发了激烈的讨论。这种现象通常用所谓的"双生子佯谬"（基于保罗·朗之万 1911 年的思想实验）来说明：一个宇航员以极快的速度在太空中航行，当他返回地球后，他的年龄要比他待在地球上的双胞胎兄弟小很多。

假设一名 27 岁的宇航员以 98% 的光速飞向约 25 光年之外的织女星，然

速度（千米/秒，括号中用光速的百分比表示）	一年的时长
0.03——相当于一辆汽车的速度	1 年
0.5——相当于一架飞机的速度	1 年 + 0.000 03 秒
40——相当于一艘宇宙飞船的速度	1 年 + 0.3 秒
30 000（10%）	1 年 + 44 小时
150 000（50%）	1 年 + 56.5 天
270 000（90%）	2.3 年
297 000（99%）	7.1 年
299 700（99.9%）	22.2 年

　　不同相对速度的时间膨胀不同。从静止的观察者的角度来看，一个系统运动的速度越快，它的时间就走得越慢。但各自的原时[1]却总是相同的。

后又返回。对他来说，他返回地球时只过了 10 年，因此他回到地球时的年龄是 37 岁，而他一直生活在地球上的双胞胎兄弟却已经 77 岁了。也就是说，后者要比其环游太空的兄弟大 40 岁。在运动速度达到光速的 98% 的情况下，飞船里的时间要比地球上的时间慢得多。（此例中飞船加速和制动阶段所耗费的时间未计算在内，因而这只是一个简化了的例子。）尽管这种年龄上的

---

1 原时是在一个惯性系中同一地点先后发生的两个事件之间的时间间隔。——编者注

差距令人不快，但这的确是可以被测量到的事实。20 世纪 70 年代的原子钟实验便证明了这一点。

从原则上来讲，时间膨胀甚至能够让我们去往未来。只要速度够快，一位年轻的太空旅行者返回地球时仍旧会是个年轻人，而他的双胞胎兄弟却已经年老，甚至早就过世了。当然，回到自己年轻的时候是不可能的。因此，如果你计划去往未来，就一定要提前上报纳税申报表，否则税务部门一定会有极大的耐心在未来等着你的。

长度收缩是时间膨胀的补充，也是光速恒定的结果。因为距离同时间一样，也是相对的。一切长度都会沿着其运动方向以与时间膨胀相同的系数缩短。

日常生活中，长度收缩效应其实并不会造成多大影响。以 100 千米 / 时的速度运动的米尺，其长度每米仅仅收缩了 0.000 000 000 004 毫米。但是，如果它以 90% 的光速运动，其长度却会缩短 44%。例如，一位宇航员以 98% 的光速飞向织女星，且飞行了 5 年，那么他在他所在的参考系中已经行驶了 $5 \times 0.98 = 4.9$ 光年。但从地球的角度来看，他却已经行驶了 25 光年了。

时间膨胀和长度收缩是时空的属性，与物质无关。也就是说，假如你想减肥，就不能仅仅靠以闪电般的速度满世界奔跑，坚信收缩效应会让你变瘦。1911 年，爱因斯坦曾经试图用下面的言语来消除世人（其中也包括他的同行）对这一理论的误解：

"洛伦兹收缩[1]是否真的存在这个问题是有误导性的。因为对一个正在移动的观察者来说，洛伦兹收缩并不存在；但是，对静止的观察者来说，它却是存在的，原则上，这是可以通过物理手段加以证明的。"

同一个物体，静止的观察者看到的长度要比从该物体旁高速掠过的观察者看到的更长。

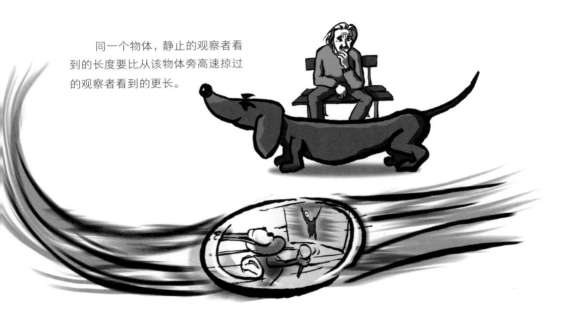

不仅如此，观察者的高度和速度的方向还可以影响光线或其他运动物体在观察者视野中所走的路径。这种效应被称为光行差。因此，观察者就会

---

1 洛伦兹收缩，即长度收缩。

看到直线变弯，物体向视野中心隆起的现象。观察者甚至能够看见在自己侧面甚至是后面的物体。

　　就连爱因斯坦自己都没有意识到狭义相对论的这一结论。长度收缩"真正"的视觉效应的首个理论研究，是安东·兰帕于 1924 年完成的，另外还有 1959 年罗杰·彭罗斯和詹姆斯·特雷尔的相关研究。而这一效应的直观

　　光行差还能让观察者的视线拐弯。例如，如果一个骰子以 95% 的光速掠过静止的观察者，那么在观察者的眼中，这个骰子就发生了偏转，以至于他能看到它后面的一部分（此图像基于计算机的模拟）。

呈现最早是通过计算机模拟实现的，特别值得一提的是20世纪90年代由图宾根大学的汉斯·鲁德带领的团队所做的研究。

高速运动的物体的颜色和亮度也与静止时完全不同。假如你可以接近光速的速度经过太阳，那么你就会发现，接近太阳时，太阳是闪亮的蓝色，接着就会由白色变为橙色，最后在后视镜中它会变为暗淡的深红色。这是因为，接近时的光波被压缩，因此就转移到能量更高的蓝色范围；而远离时的光波则被拉伸了，因此能量变低，颜色变红。此外，随着波长的缩短，辐射的强度也增加了。

当1+1不等于2

在相对论的理论框架中，1+1并不一定等于2，至少在物体的运动速度超过交警允许的情况下不等于。日常生活中，我们在计算相对另一个物体运动的物体的速度时，会把它们各自的速度相加。但是，当物体的运动速度接近光速时，情况就不一样了，否则一个以接近光速运动的航天器向前发出的激光束就必须达到近两倍于光速的速度。但根据狭义相对论，事实并非如此。因此，它采用了一个新的公式——相对论速度相加公式。即便如此，交通法规的合理性也并未受到质疑。一个乒乓球运动员即便没学过狭义相对论，也能用一个扣杀把对手干趴下。

下面，我们来举一个例子说明相对论速度相加定理：假设一辆晚点的火车以 200 千米 / 时的速度向"斯图加特 21"火车站的方向行驶，车厢内一名激动的乘客以 5 千米 / 时的速度向着火车行驶的方向步行，寻找列车长询问情况。那么，站在铁道旁的观察者所测量的乘客速度将不会是精确的 200 + 5 = 205 千米 / 时，而是会慢 0.17 纳米 / 时。这就意味着，根据相对论的计算，该乘客每小时行走的距离会比传统的算法小近 2 个原子直径，这一差异显然可以忽略不计，当然也不会造成任何麻烦。然而，相对论速度相加定理在高速条件下却会显现出截然不同的效果：如果一枚炮弹以四分之三的光速从同样以四分之三的光速行驶的飞船中发射，那么它的速度不会是光速的 1.5 倍，而仅仅是光速的 96%。（如果你有兴趣，可以仔细阅读以下内容：$v_{相对} = v_1 - v_2$ 这一公式其实并不准确，相对速度的计算公式应当是 $v_{相对} = (v_1 - v_2) / (1 - v_1 v_2 / c^2)$，其中 $v_{相对}$ 是相对速度，v_1 和 v_2 分别是两个相对运动的物体的速度，而 c 则是光速。）

$E = mc^2$ —— 隐藏于自然界中的统一性

完成狭义相对论之后不久，爱因斯坦发现，这一理论不仅揭示了时间和空间之间的根本联系，还揭示了质量与能量之间的根本联系。1905 年 9 月，他发表了一篇仅有三页的补遗论文，该论文的题目是他特意以问题的形式呈现出来的：《物体的惯性同它所含的能量有关吗？》。在这篇论文中，爱因斯坦证明了当物体释放能量时，也会失去质量。在文章的最后，他如此写道：

"物体的质量是它所含能量的量度。用那些所含能量高度可变的物体来检验这个理论，不是不可能成功的。"

这一发现意义深远。它驳斥了"质量守恒"的普遍观念，或者说使之变得不那么绝对了。1907 年，爱因斯坦在其发表的一篇论文中如此总结道：

"这一结果的理论意义十分重大，因为在其中，一个物理系统的惯性质量[1]和能量看起来颇为类似。"

爱因斯坦发现了之前一直隐藏于自然界中的统一性，并用一个简单的方程式 $E = mc^2$ 将其量化。能量 E 和静止质量 m 似乎是一枚硬币的两面，它们通过光速 c 的平方被联系了起来。（c 是 "constant" 的缩写；或拉丁语 "celeritas" 的缩写，意思是"速度"）。因此，根据相对论这个令人震惊的推断，质量只是某种形式的能量而已。

束缚和释放的能量

由于转换系数 c^2 的数值极大，因此日常生活中的能量转化通常仅伴随

---

1 惯性质量是物体惯性大小的量度，用物体所受作用力与所获得的加速度之比来表示，它是描述物体维持原来运动状态的性质的物理量。——编者注

质量为 1 克的物质，其物理能量有 2500 万千瓦·时，相当于 215 万升汽油可释放的化学能量，储存这么多燃料大约需要 10 000 个油桶。

着极为微小的、几乎测量不出的质量变化。例如，如果将 1 千克黄金加热 10 摄氏度，其质量每克只会增加万亿分之十四。因此这并不是一个能让黄金持有者变得更为富有的致富秘诀……

然而，静止的物体却蕴含着巨大的能量。假如把仅 1 克的质量全部转化为能量，它的总能量就有 2500 万千瓦·时，相当于 215 万升汽油可释放的化学能量。理论上来说，惯性质量为 1 千克的砖可以为 100 瓦的灯泡供电 3000 万年。但是，这些蕴含在物质中的能量在现实中是永远无法被提取出来的。

这一方程式还表明，将质子和中子束缚在原子核中的结合能可作用于原子核的质量。这就是原子核的质量比组成该原子核的单个粒子质量之和大约小了百分之一的原因。这也是核聚变（比铁轻的元素）或核裂变（较重元素）产生能量的基础。正如同每天都在核电厂中发生的那样，核裂变可将约 0.1% 的物质质量转换为可用能量，而从氢到氦的核聚变过程则可以将物质质量的 0.8% 左右转换为能量，这大大超过了电子与原子核之间的化学键能。例如，由一个质子和一个电子组成的氢原子仅比其各粒子质量总和少了约 1/70 000 000。

$E = mc^2$ 还描述了正反物质湮灭，以及它们是如何产生能量的。这将是有史以来最为高效的能源生产过程：将 500 千克物质和反物质转化为能量，将能满足全球每年的用电需求。

$E = mc^2$ 这一方程式具有十分现实的意义，其现实意义最迟在 1945 年第一枚原子弹被引爆时得到了证明。爱因斯坦仅在第二次世界大战中（1939

年致信罗斯福总统）推动了原子弹的迅速发展，但不久之后，他却强烈谴责并反对使用核武器。尽管制造原子弹时并未直接用到爱因斯坦的方程式，但人类却以毁灭性的方式证实了狭义相对论，最终使仅约 1 克的铀或钚就转化为了可怕的爆炸的能量。

反过来，轻核结合为质量较重的原子核的过程中也能释放巨大的能量。1952 年氢弹首次爆炸，释放出了这种破坏力极大的能量。而要建造一个可用于发电的核聚变反应堆，我们还有很长的路要走。不过，大自然中却一直发生着核聚变。太阳已经普照地球 46 亿年之久了，它的中心每时每刻都在发生核聚变，将氢原子变成氦原子。太阳中心的温度高达 1570 万摄氏度，每秒转换超过 5 亿吨的氢——其中约 400 万吨转化为了能量，可以满足人类未来 100 万年的能源需求。但是，这些巨大的能量到达地球的时候，平均每秒平方米就只剩下 1367 焦耳。尽管如此，这些能量就已经足够支持地球上所有的生命进程。就这一点来说，没有相对论，我们就无法真正理解人类的存在。

遗憾的是，驾驶光速飞船遨游太空尚不能实现

狭义相对论还得出了以下推论：物体的运动速度越快，加速的时候就需要更大的能量。如果能量和惯性质量等价，则物体的质量就会随着速度增加而增加。因此，我们必须把"相对论质量"与物体在给定参考系中的静止质

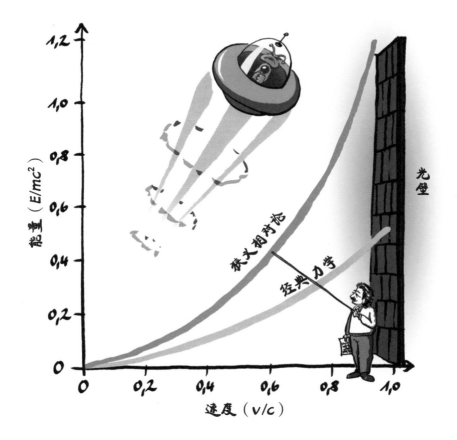

　　质量为 m 的物体的动能 E 取决于其速度 v。根据相对论，当物体的运动速度接近光速 c 时，E 和 m 的值就会变得无穷大，因此物体永远无法达到"光壁"或是突破"光壁"。因此，一般物质无法加速超过光速。对于日常生活中的情况，经典力学可近似适用，因为运动物体相对论质量的增加完全可以忽略不计。

量区分开来，因为相对论质量会随着速度的增加而增加。例如，以将近 1000 千米 / 时的速度飞行的飞机比它停在登机口时要重 0.000 000 000 1%。

相对论质量的增加对期望看到宇宙飞船每小时就绕银河系兜一圈的科幻迷们来说是一种打击。因为用于加速的能量消耗不是线性增加，而是呈指数增长的。因此，具有静止质量的物体永远无法达到光速——不然，它们的质量就会无限增大，需要的能量也会无限多。

这也让以接近光速的速度穿越银河系变得极为困难。比如，如果要使飞船的速度达到光速的 99% 以上，除了要保证飞船约为 1.25 吨的有效载荷质量外，还必须携带 243 000 吨的燃料作为发射质量——而且这仅仅适用于设想中的光子火箭，这种火箭能将所有燃料都转化为光子，从而产生可能达到的最大的气体流速用于推进。相比之下，人类向月球发射的"土星 5"号火箭，其总质量才约 2700 吨。

假设一个宇航员在地球上的体重为 80 千克，那么当他以 99% 的光速在太空中飞行时，他的体重将会超过 0.5 吨。不过，他自己并不会感到体重增加了，因为他的引力质量 [1] 并没有增加，增加的是他对抗加速度的惯性质量。（但是，为什么睡梦之中我们的身子很轻，却在早上听到闹铃响了之后瞬间变得沉重，相对论却无法解释。）

---

1 引力质量是一切物体具有的物理属性，是物体感受引力作用大小的量度，物体的质量越大，它感受到的引力作用就越大。——编者注

爱因斯坦的 小测试

1. 下面哪一项是爱因斯坦在狭义相对论中需要用到的?
- [ ] a. 洛伦兹变换
- [ ] b. 伽利略变换
- [ ] c. 非欧几里得几何

2. 下面关于相对论的表述哪项是正确的?
- [ ] a. 一切都是相对的
- [ ] b. 惯性系中的物理定律都是相同的
- [ ] c. 光速取决于观察者

3. 随着速度增加，会发生什么事情?
- [ ] a. 质量减少（相对于静止质量）
- [ ] b. 时间变慢（相对于静止的时钟）
- [ ] c. 空间膨胀（相对于静止的标尺）

4. 什么是长度收缩?
- [ ] a. 长度收缩就是洛伦兹变换
- [ ] b. 运动状态下的尺子会缩短
- [ ] c. 运动状态下的时钟会走得慢

5. 狭义相对论驳斥了什么?
- [ ] a. 牛顿的引力常量
- [ ] b. 牛顿的引力质量和惯性质量
- [ ] c. 牛顿的观点"时间和空间都是绝对的"

答案：1.a 2.b 3.b 4.b 5.c

　　时空不是固定不变的、被动的舞台，而是积极主动的参与者，因为引力与几何紧密相关，质量可以改变一切，光线的传播路径可以弯曲。

引力与几何

"在已获得知识的基础上，成功达成目标似乎是不言而喻的结果，似乎每个聪明的学生都可以毫不费力地掌握这种途径和方法。但是，在黑暗中经年累月地艰苦探索，从抱着对真理强烈的渴求，到不断地在信心满满与疲惫厌倦之间来回游走，再到最终迎来突破的时刻，这一切，只有亲身经历了，才能真正地了解。"

1915 年 11 月 25 日，一个平常的周四，欧洲中部地区在大炮的轰鸣声中支离破碎。就在这一天，爱因斯坦提交了一篇三页半的论文，题为《引力场方程》[1]，并在《普鲁士科学院会议报告》中予以发表，此时他已经在柏林的普鲁士科学院工作了一年半了。这一天，爱因斯坦得偿所愿，过去 8 年间的艰苦努力得到了极大的回报，然而，过度劳累却将他推向了智力和健康的极限。他的方程描述了四维弯曲时空中的引力场及其复杂的动力学现象。

---

1 场方程是描述场的运动规律的方程。"场"是物质存在的两种基本形态之一，存在于空间区域，例如电场和磁场。引力场就是传递物体之间的万有引力作用的场。引力场方程又称"爱因斯坦场方程"。——编者注

这一全新的数学公式构成了在经历了漫长而艰辛的历程后终于在科学界崭露头角的广义相对论的理论核心。它永久性地改变了人类对宇宙的理解，动摇了经典物理学的基础。

近距作用和超距作用

广义相对论的研究过程十分曲折，充斥着错误与混乱，爱因斯坦在未知中不断地摸索尝试、走弯路、遇到障碍，甚至是走回头路，还要修正各种计算错误。这个过程中有合作，有争执，甚至还掀起了竞赛，哥廷根数学家大卫·希尔伯特就差一点儿从节骨眼儿上"夺走"爱因斯坦的胜利。

广义相对论的形成始于 1907 年 11 月。当时，爱因斯坦仍然在伯尔尼专利局工作。他撰写了一篇有关狭义相对论的综述性文章。但是，在这篇论文中并未考虑到引力问题。艾萨克·牛顿的引力理论是一种超距作用理论，而这恰恰是物理学家们长期以来的未解之谜，也是爱因斯坦思考的出发点。在牛顿的理论体系中，引力瞬间作用于物体，并无任何延迟。根据他的说法，如果一个恶魔从宇宙中偷走了太阳，那么地球将立刻径直飞出去，并陷入一片黑暗。但这一说法并不准确，其实情况是，太阳消失 8 分多钟之后，地球上的人才会察觉到这场浩劫，因为太阳光到达地球——太阳系中的第三颗行星——需要 8 分多钟的时间（1.5 亿千米）。

另一方面，相对论则是一种近距作用理论，就像詹姆斯·克拉克·麦克斯韦的电磁学理论一样。引力的传播并不是瞬时发生的，而是有时间延迟的——至少与光在相应距离上传播所需的时间一样长。（有意思的是，超光速运动应该能够让我们回到过去。）

在狭义相对论的框架中，爱因斯坦证明了任何一个具有正静止质量的物体，其运动速度都不会超过光速——它甚至都无法达到光速，因为要实现这样的目标需要无限多的能量。因此，牛顿所说的"引力传播没有时间延迟"才会是令人难以置信的。

"根据相对论，自然界中并不存在可供信号超光速传播的方法。再者，假设牛顿定律完全正确，那么理论上我们将可以使用引力将瞬时信号从位置 A 发送到极远的位置 B，因为引力质量在 A 中的运动原则上应该导致 B 中的引力场在同一时刻发生变化。"

最幸运的灵光乍现

引力无法简单地建立在狭义相对论的基础之上，因为那样的话，伽利略提出的"所有物体，无论其成分如何，其下落速度均相同"的结论就不再成立了。然而，爱因斯坦却并不想彻底否定它："如果这个理论无法做到这一点，或者说无法自然而然地做到这一点，那它才应当被摒弃。"之后，他有了一个灵感。

> "我坐在伯尔尼专利局的扶手椅上，突然灵光乍现，有了下面这个想法：一个人自由落体时并不会觉察到自己的重量。我十分惊讶。这个再简单不过的想法给我的印象极为深刻，并最终引领着我走向了引力理论。"

在专利局，爱因斯坦遇到了他一生之中"最幸运的灵光乍现"。在 1920 年的一次回忆中，他就是如此描述这次灵光乍现的。

> "对从房顶自由落体的观察者来说——至少在他周围——不存在引力场。因为如果这位观察者坠落的同时，还掉落了其他一些物品，那么这些物品应相对于这位观察者静止或做匀速运动。……已被实验证实的重力加速度的独立性有力地证明了我们必须把相对论的假设扩展到彼此之间非匀速运动的坐标系之中。"

就这样，爱因斯坦打破了狭义相对论的局限，指出了狭义相对论的"狭义"之处在于它仅仅描述了个别"特殊"的参考系：在这些参考系中，加速度和引力并不会造成影响。爱因斯坦的基本观点是，加速度和引力之间存在

自由落体的人就像遨游在远离任何引力的太空中一样，是失重的。而且，如果我们身处一个封闭的空间且无法望向窗外，那么就无法将行星上的引力和火箭本身加速度造成的"压力"[1]区分开来。这个惯性力和引力等效原理——更准确地说是惯性质量和引力质量等效原理——是发展广义相对论的决定性前提。

着紧密的联系，它们的作用在某些条件下是无法进行区分的。这促使爱因斯坦提出了下面两个假设。

等效原理[2]：惯性质量和引力质量是等效的（正如艾萨克·牛顿的假设，它们的值相同）。因此，引力场中的引力质量（比如可用弹簧秤测量到的数值）和对抗加速度的惯性质量是相等的。

自由落体普适性：物体自由落体时的速度与其本身成分无关（伽利略提出的假设）。所有自由落体参考系中的物理定律也同样适用于所有不考虑引力的参考系，比如狭义相对论的物理学体系。羽毛和锤子在真空中的下落速度始终相同（1971 年"阿波罗 15"号的宇航员大卫·斯科特在月球执行任务时的现场演示证明了这一结论）。而在地球上，由于空气阻力的影响，这一效果并不明显。

根据等效原理，物理学家无法在封闭的房间中分辨出黄油面包从餐桌掉

---

1 这里的"压力"指的就是惯性力。一个参考系中的物体，在相对该参考系做匀加速运动的另一个参考系中观察时，物体会获得一个方向相反的加速度，由此引入的假想的力就是惯性力。——编者注
2 等效原理可分为"弱等效原理"和"强等效原理"。这里的是弱等效原理，而强等效原理指引力场和匀加速参考系局部等效。强等效原理由弱等效原理推广而来，是广义相对论的基本原理。——编者注

落到地板上（当然是涂着黄油的一面朝下……），是由于引力的作用，还是因为这个房间实际上是一艘宇宙飞船的机舱，而飞船正不断朝着黄油面包掉落的反方向加速。反过来，远离引力源，人就会失重——或者，人还可以通过自由落体获得失重的感觉，比如跳伞或蹦极。这也是等效原理的前提。其实，绕地球轨道运动的宇航员，比如在国际空间站里的宇航员，并非因为身

　　如果物理学家在火箭中测量一条弯曲的光束，那么他必须从窗外望出去才能清楚光束弯曲真正的原因：火箭正在加速或是处于引力场之中，效果将会是相同的。这一想法使爱因斯坦预测出了引力场中的光线偏折，1919 年这一效应被观测到，令爱因斯坦名声大噪。

处太空之中才会失重，因为地球的引力在距地面 400 千米处仍然很强。宇航员之所以能飘浮起来，是因为他们处于持续的自由落体状态——绕着地球做圆周"落体"运动。

接下来的数年间，爱因斯坦一直坚持这些假设。实际上，等效原理被证明是广义相对论的关键，并在其中被予以了详细的论证。从这一原理中，爱因斯坦还得出了惊人的结论：引力会影响光的传播！一方面，引力可以降低光线的频率（引力红移）；另一方面，当光线经过一个大质量物体时，光线的传播路径会弯曲。由此，爱因斯坦对新的物理效应做出了两个大胆的预测：在引力场中，光线会发生偏折，时间会放慢。但是，爱因斯坦认为这两个效应太弱了，无法进行测量。他的这一想法固然是过于悲观了，但人们的确花费了很长时间才证明了这两个效应的存在。

四维时空

狭义相对论的一个重要结论爱因斯坦一开始并未发现。该结论是由数学家赫尔曼·闵可夫斯基提出的。爱因斯坦在苏黎世联邦工学院曾听过或者说应该听过闵可夫斯基教授的数学讲座，不过他当时经常逃课。

1908 年 9 月 21 日，闵可夫斯基在德国科隆的讲演中做了如下表述："时间和空间的概念已从实验物理学的土壤中生长出来。那是它们的力量所在。它们是根本性的。从此以后，时间本身和空间本身将会完全陷入黑暗之中。只有两者的结合才可以保持独立性。"他将这一结合体称为"时空"。根据闵可夫斯基的观点，狭义相对论消除了时间和空间的绝对性和独立性，时间作为"第四维度"与三维空间共同形成了时空概念。

尽管爱因斯坦最初拒绝接受这些见解，甚至将其称为"多余的博学"，但他很快就意识到，这是推广狭义相对论的先决条件。不久之后，爱因斯坦发现这些想法甚至是理所当然的：

"不是数学家的人当听到'四维'这个概念的时候，会瞬间产生一种神秘的战栗感，这种感觉无异于剧院幽灵给人的感觉。然而，没有什么比'我们所熟悉的世界是四维时空连续统'更为平庸的论断了。"

直到 1911 年，爱因斯坦才继续深入发展自己的想法。此时，他已受聘为布拉格大学的物理学教授。在那里，爱因斯坦写了几篇有关等效原理和静态引力场的论文——静态引力场是一个极为简化、不现实但却颇具启发性的特例。爱因斯坦甚至短暂地考虑了光速可变的情况。

受爱因斯坦论文的启发，几位著名的物理学家也开始了相关研究，其中的代表是马克斯·亚伯拉罕、贡纳尔·诺德斯特勒姆和古斯塔夫·米。科学家们不但进行了建设性的合作（比如爱因斯坦同阿德里安·福克改进了诺德斯特勒姆的理论），同时也在信函、会议和专业文献中进行激烈的争论。

1914 年，爱因斯坦评论道：

> "我很高兴同行们对我的理论高度关注，即使目前看来，大家的目的只是为了消灭它。"

但是，所有与爱因斯坦相竞争的理论都由于逻辑矛盾或与物理数据不匹配而次第失败。

从旋转圆盘到弯曲的宇宙

爱因斯坦的研究方法是审慎、仔细、循序渐进的。"前进道路上的每一步都异常困难。"爱因斯坦于 1912 年 3 月给朋友米凯莱·贝索的信件中如此写道。仅仅数月之后，他就遇到了一个问题，正是这个问题给他的研究带来了新的转折。1909 年，马克斯·玻恩提出了一个几乎光速旋转的圆盘的思想实验，此后，保罗·埃伦费斯特发现了一种自相矛盾的情况：圆盘的边缘会发生长度收缩，但其半径却并不会发生变化。因此，相对论圆盘的周长并不像欧几里得几何中规定的那样，等于圆周率 π 和圆盘直径的乘积。但这仅适用于平面，即非弯曲空间。

然而，这个圆盘必须得用非欧几里得几何进行描述。对此，卡尔·弗里德里希·高斯和他的学生伯恩哈德·黎曼等数学家已有相关研究。早在 1910

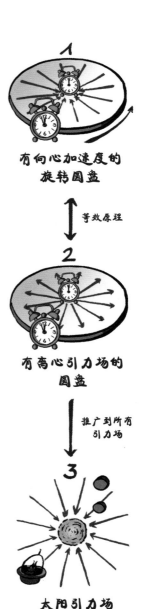

年，数学家西奥多·卡鲁扎就得出了这个结论，认为假想的圆盘表面一定为负曲率曲面。根据等效原理，加速度和引力场之间密切相关，爱因斯坦由此得出了一个大胆的结论：引力场也必须以非欧几里得几何进行描述，因此，质量就会向内弯曲空间。虽然这一论断较为激进，但却是推进广义相对论发展的决定性的一步。

听起来有些复杂，事实也的确如此。爱因斯坦一个人很可能无法完成这项工作。"格罗斯曼，帮帮我，否则我会发疯的。"爱因斯坦一定这样说过，并向他的同

有向心加速度的
旋转圆盘

等效原理

有离心引力场的
圆盘

推广到所有
引力场

太阳引力场

在思想实验中，保罗·埃伦费斯特发现了一个悖论。他假设存在一个如图1所示的以接近光速旋转的刚性圆盘。根据狭义相对论，圆盘的边缘应当沿着运动方向缩短（长度收缩），且圆盘边缘的时钟应当比圆盘中心的时钟走得慢（时间膨胀）。由于长度收缩不会发生在垂直的方向上，因此圆盘直径始终保持不变，但这样一来，圆盘的周长就会奇怪地大于欧几里得几何中所规定的周长值。据此，爱因斯坦提出了"被质量弯曲的空间"的想法（且这种空间能用非欧几里得几何来描述），因为根据广义相对论，加速运动和引力是等效的。因此，引力场中的时钟比失重的时钟走得慢。相应地，离心力由圆盘中心发散出去，圆盘中心的时钟会比边缘的时钟走得快，如图2所示。现实中并不存在非欧几里得圆盘，但是这一悖论却被广义相对论化解了。这些预测也能通过原子光谱测量到，如图3所示，在太阳引力场中，靠近太阳的这些天然的"原子钟"的时间要比较远的那些走得慢得多。

学马塞尔·格罗斯曼请教，他这位大学同学曾经在考试期间将自己工整细致的课堂笔记借给爱因斯坦，后来又帮助爱因斯坦谋得了伯尔尼专利局的工作。1912 年 8 月，爱因斯坦搬回了苏黎世，也迎来了一个有利的机遇。在布拉格烦琐的行政工作让爱因斯坦觉得烦躁——"尽是些案牍屁事"，他便接受了苏黎世联邦理工学院的教授职位。对爱因斯坦来说，这无疑是一次不可多得的好机会，因为格罗斯曼从 1907 年开始就已经在这里任几何学教授了。

格罗斯曼很快就兴致盎然，为爱因斯坦理解这一艰深的新数学工具提供了很多帮助。他向爱因斯坦介绍了伯恩哈德·黎曼、埃尔温·克里斯托费尔、格雷戈里奥·里奇－库尔巴斯托罗及其学生图利奥·列维－齐维塔所做的工作。他们引入了流形和度规的概念、弯曲空间的微分几何以及被称为张量的特殊数学函数。事实证明，所有这些对于在非欧几里得几何框架内的引力场表征都是必不可少的。

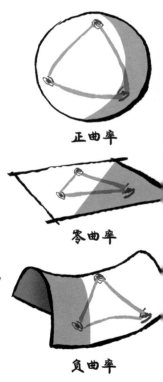

正曲率

零曲率

负曲率

中小学老师教授的几何适用于平面和平直空间。平行线永不相交，三角形内角和为 180 度。但是，还有更复杂的情况存在：非欧几里得几何。当一个面或一维以上的空间有正曲率时（球面），平行线会相交，三角形内角和大于 180 度。当一个面或空间有负曲率时（双曲面），则平行线会发散，三角形内角和小于 180 度。这些不仅适用于数学空间，也适用于物理空间。另外，这种曲率应当被理解为纯粹的"内部"的性质，因此它们不需要一个更高的嵌入了面和空间的维度。

对爱因斯坦来说，这无异于折磨。他在给物理学家阿诺尔德·索末菲的信件中说，他"还从来没有如此苦恼过"，他还说："我已经开始对数学抱有崇高的敬意，在此之前，我头脑简单，一直将其精妙的部分视为一种纯粹的奢侈品！与这个问题相比，最初的相对论简直就像孩童的游戏一样简单。"1913 年，马克斯·普朗克拜访爱因斯坦时，还认为爱因斯坦是在做一件徒劳无功、毫无希望的事："作为老朋友，我必须得说，你是不会成功的；即便你成功了，也没人会相信你。"

广义相对论准则

将广义相对论的表述重构为连贯的研究逻辑，就可以看出该理论是从一些基本假设发展而来的。但是，这些假设的类型各有不同，有些假设甚至在研究过程中并未得到其他研究者的赞同。

等效原理：惯性质量和引力质量的值是相等的，且不同的物体在真空中的下落速度相同。

对应原理：广义相对论的预测和描述应该能转化为艾萨克·牛顿的引力理论，也就是说，广义相对论应当包含牛顿引力理论，作为一个弱引力场和低速运动的极端状况。毕竟自 17 世纪以来，牛顿的万有引力定律已经在诸如抛体运动和行星轨道的情况中得到了出色的证明。

守恒定律：在封闭的系统中，能量和动量始终保持不变。这些物理守恒变量既不会凭空出现，也不会凭空消失。

广义协变性原理[1]（广义相对性原理）：引力场方程在一切坐标系中均应相同，也就是说，从一个系统转换到另一个系统中时，引力场方程始终保持不变。从这个意义上来说，狭义相对论被推广到了包括引力场在内的加速系统中。

经验主义：与所有科学理论一样，广义相对论也必须符合其相应领域内的观测结果和实验结果。这就要求它一方面能够预测之前未被观察到的现象的测量结果，这些现象未被牛顿的理论预测到，或预测结果不同；另一方面它还要能够解释一些尚无法理解的数据。

这些准则是爱因斯坦发展广义相对论的基本准则——至少在回顾的时候可以这样断言。除了已有精确的数据来支持等效原理外，经验主义最初几乎没有发挥过任何作用。直到研究进行到最后阶段，经验主义成功地解释了水星轨道的特点，才发挥出了它的重要作用。

从康庄大道到死胡同

马塞尔·格罗斯曼不仅为爱因斯坦提供了数学基础上的帮助，还协助他

---

1 一个物理定律以某方程式表示时，如果在不同的坐标系中，这个方程式的形式一律不变，则称这个方程式是协变的。——编者注

寻找引力场方程。到了 1913 年 5 月，两人取得了较大的进展，并将所有成果用一篇精悍的论文总结了出来。这篇论文的题目经过了极为慎重的拟定：《广义相对论和引力理论纲要》。其中已经包含了完整的广义相对论的基本概念和数学元素。

但是，爱因斯坦与格罗斯曼并不完全满意。除了"不可否认的复杂性"之外，还有许多问题存在。在《纲要》理论中，旋转系统无法与静止的系统一样满足场方程，爱因斯坦并未完全实现方程协变性（坐标独立性）的雄心勃勃的目标。尽管他认为"这个丑陋的污点"是可以容忍的，但他还是把满足协变性称为一个"障碍"，并试图证明它是根本无法实现的。后来，爱因斯坦的这一论断被证明是错误的。而正是这一错误的论断，把迎来正确理论的突破推迟了两年多。尽管如此，爱因斯坦仍旧勤耕不辍，始终保持着昂扬的斗志和信心：

"大自然只给我们亮出了一头狮子的尾巴，但我却从不怀疑狮子的存在，虽然狮子由于过于庞大而不能立刻显现出它的全貌来。我们的视野无异于狮子身上的虱子的视野。"

爱因斯坦与格罗斯曼最后一篇合作论文是在 1914 年 5 月发表的。1914 年 4 月 6 日，爱因斯坦移居柏林，去做"一个没有任何义务要承担的科研人员，就像一尊还有血有肉的木乃伊"，他在给前同事雅各布·劳布的信中如

爱因斯坦认为，一个"虱子"想要窥得相对论的全貌是非常困难的。

是写道，并告诉他自己已任普鲁士科学院的院士，不再需要授课，也不再需要指导学生。然而，柏林的生活一开始就十分糟糕。爱因斯坦的世界遭受了双重打击。一是个人生活方面：他与妻子米列娃的婚姻破裂了。二是第一次世界大战于7月底爆发。世界大战对爱因斯坦个人产生了极为深重的影响，让这位超然世外的科学家变成了积极入世的公众人物，他针对一些非科学问题发表的言论往往会变成热门的社会话题。爱因斯坦在许多报纸、各种政治活动以及倡导和平的集会中大胆发表言论，强烈反对极端民族主义。他认为这是"一种儿童疾病"，是"人类的麻疹"。之后，爱因斯坦更是积极倡导建立民主的世界政府。任何爱国主义的情绪对他来说都是陌生的。1915年，爱因斯坦曾经写下过这样一段文字：

"我身属的国家在我的情感生活中一点儿作用也不起。我将'公民和国家'这种从属关系视为一种商务关系，就像投保人和人寿保险公司之间的关系一样。"

爱因斯坦狂热地投入他的工作之中，并数次修改研究结果。"爱因斯坦的研究做得太容易了，每年都在推翻去年写的东西。"爱因斯坦在给埃伦费斯特的信件中不无自嘲地写道。1914年11月，他发表了那篇内容丰富的论文《广义相对论的形式基础》。这篇论文中展示了他和格罗斯曼推导场方程的过程，但其中却隐藏着一个错误。

1915 年 6 月底，爱因斯坦受哥廷根大学数学教授大卫·希尔伯特——该领域闻名世界的教授之一——的邀请，赴哥廷根大学访问一周，介绍自己的研究现状。紧接着，希尔伯特也开始致力于找出正确的场方程，且差一点儿就领先于爱因斯坦了。

最迟 11 月初，爱因斯坦《纲要》理论的大厦终于倾覆了。无奈之下，他彻底地放弃了整个方法，并将其称为"致命的偏误"。造成这一偏误的因素有很多，正是这些不幸的巧合蒙蔽了爱因斯坦的眼睛。

"理论学家误入歧途的方式有两种：一、恶魔用错误的假设误导了他（这种情况值得同情）。二、他的理论本身就是谬论（如果是这种情况，他就该挨打）。"

爱因斯坦在 1915 年 2 月给洛伦兹写的信中这样说，并向洛伦兹寻求安慰。那时，他就已经意识到了自己和格罗斯曼所犯的严重错误。他们错判了静态引力场（欧几里得引力场）的性质，并武断地放弃了场方程的广义协变。倘若没有在计算上犯错误的话，他们早该踏上引力场方程的康庄大道了。因为爱因斯坦的笔记本显示，早在 1912 年，他就已经找到了正确方程式的简化形式了，但当时的他并未意识到这才是正确的方向。

突破的时刻

1915 年秋，爱因斯坦再整旗鼓，重新出发。他重新拾起了 1912 年和 1913 年的工作。这之后，研究工作得以迅速推进。11 月份，爱因斯坦每周都向《普鲁士科学院会议报告》提交一篇论文。经历了这一整月无比艰辛、挣扎在崩溃边缘的工作后，爱因斯坦在先前崩塌了的废墟之上重新建造起了一座高楼，这座高楼的入口就通往引力场方程的王座。直到今日，引力场方程仍然是有效的，在每一本大学物理教材中都能找到它的身影（虽然大多会用一种更现代的表示方式）。

爱因斯坦 11 月 4 日提交的第一篇论文名为《关于广义相对论》。这篇论文的第一页，爱因斯坦就承认了他先前对场方程理解"错误"。他回到了最初的基本假设，即自然定律在所有参考系中都具有相同的形式，并提出了满足这个假设的新方程。

但是，爱因斯坦很快就发现，新理论仍然存在缺陷。首先，11 月 11 日，爱因斯坦在一则对上一篇论文的简短补遗中试图说明，"通过引入有关物质结构的一个显然十分大胆的附加假设，可以让该理论的逻辑结构更加紧密"。虽然，在接下来的几周内，他又放弃了这一方法，但这给了他进一步发展自己的形式的想法，并提出了新的方程。

第二篇论文发表于 11 月 18 日。这是爱因斯坦当月内唯一一次以讲演形式发布的论文，大概是为了引起天文学家的兴趣，将他的理论与天文学家的观测结果联系起来。它的题目震惊四座：《用广义相对论解释水星近日点运动》（顺便提一句，论文中的公式竟然出现了八处书写错误，这透露出爱因斯坦当时面临着巨大的时间上的压力）。

近日点就是椭圆形行星轨道最接近太阳的那个点。19 世纪的天文学家们在观测水星时发现，水星近日点一直在慢慢地移动：椭圆轨道随着时间的

他的面前摆着千万条道路。尽管只有一条是正确的，但他却全都试过了。

推移会在宇宙中画出一个玫瑰花的形状。水星运行轨道的近日点每世纪迁移574角秒。这一结果主要是太阳系中其他行星的引力造成的，尤其是金星和木星的引力"干扰"。但是，这并不能解释剩下的每世纪43角秒（约1/80度）这一小部分是如何造成的。所有试图解释这一现象的尝试都失败了。有些科学家推测水星轨道内存在一颗未知的行星，然而这颗假想的行星却从未被观测到，有些科学家则将这43角秒的偏差归因于假想中的小行星带、尘埃环或太阳扁率。

早在1907年，爱因斯坦就已经考虑过，用水星轨道来验证相对论的推广理论会很合适。1913年他与米凯莱·贝索用《纲要》理论进行了尝试，但结果却并不成功。1915年11月，爱因斯坦用他新提出的场方程重新计算时，却得到了合适的值。虽然数日之后，爱因斯坦意识到新的场方程尚不完善，但它的缺陷却没有对计算结果产生影响。后来，他发现他的新理论与天文测量结果"完全一致"，这也让诸如马克斯·普朗克这样的质疑者们陷入了思考。"我好几天都兴奋不已。"爱因斯坦在后来回忆起得出水星的计算结果时说，在给索末菲的信件中他如此写道："这是我一生中最有价值的发现。"他甚至由于兴奋过度而出现了心律失常。

11月25日，爱因斯坦向普鲁士科学院提交了《引力场方程》一文，对之前提出的方程进行了进一步完善。论文的最后一段，他不无得意地写道："广义相对论的逻辑大厦就此全面落成。"爱因斯坦强调，任何与狭义相对论兼容的理论都可以"归纳"于广义相对论之中。因此，广义相对论不仅仅

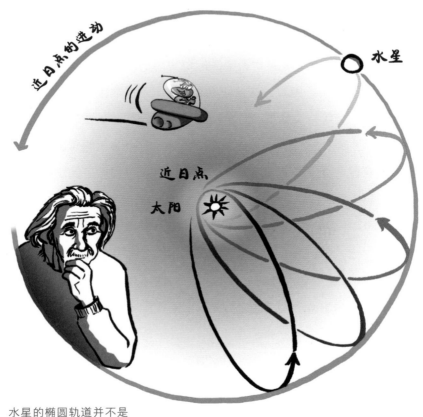

近日点的进动

水星

近日点

太阳

水星的椭圆轨道并不是
一个闭合轨道（此图特意夸大），因为它最接近太阳的点——近日点
在绕着太阳缓慢移动。只有爱因斯坦的理论才能完全解释这一现象。

是描述引力的理论，还可以作为其他物理理论（比如电动力学）的框架——
正如狭义相对论之于匀速直线运动的特殊参考系。

"最不可思议的梦现如今已经实现了！"爱因斯坦在 12 月 10 日给贝索

的信件中写道。至此，最后一点儿错误已经得到修正。截至 1916 年第一篇综述在《物理学年鉴》上发表，爱因斯坦已经撰写了十几篇有关引力的论文了，每一篇都会修正上一篇论文的结论。"过去的一个月中，我经历了人生中最令人激动、最令人精神紧张，但同时也是最成功的一段时光。"精疲力竭的爱因斯坦回顾这段时间的折磨，在 11 月 28 日给索末菲的一封信件中这样说。1916 年 2 月 8 日，爱因斯坦写信给索末菲道："等你研究了广义相对论，你肯定会信服它。这就是我在你面前完全不为它辩护的原因。"

简洁至极的广义相对论

爱因斯坦的引力场方程从原则上将宇宙作为一个整体进行描述，但它却能毫不费力地印制在 T 恤衫上：

$$R_{\mu\nu} - \frac{R}{2} g_{\mu\nu} = \frac{8\pi G}{c^4} T_{\mu\nu} \, 。$$

但其实这是一个障眼法，因为 μ 和 ν 各代表了 4 个时空坐标（分别记为 1，2，3，4），因此引力场方程实际上有 16 个方程。但由于对称性，它们之中的 6 个相互抵消，最后剩下 10 个方程。不过，为方便起见，它们可以轻易地简化其数学形式。

凡是穿着印有引力场方程 T 恤的人，在公交车上或是聚会中，一定会很快与对此感兴趣的同龄人聊起天来。甚至可能还会有人前来好奇地询问。好在爱因斯坦的引力场方程用一句话就可以解释：引力场方程将能量动量张量

$T_{\mu\nu}$ 与用里奇张量 $R_{\mu\nu}$、曲率标量 R 和度规张量 $g_{\mu\nu}$ 描述的四维时空的弯曲联系了起来（c 是真空中的光速，G 是引力常量，π 是圆周率 3.1415……）。

　　明白了吗？如果不理解，还可以再换一种说法：这些方程在数学上将时空与物质和能量联系了起来。等号左边表达的是时空的弯曲，它由复杂的非欧几里得几何来描述。等号右边是如密度、压力、张力和电荷量这样的物质项，因此 $T_{\mu\nu}$ 描述的是引力场源。此外，还有一点值得一提，爱因斯坦认为场方程的左边更为重要，并把左边比作"大理石"，右边比作"木头"，因为当时尚未出现令人信服的物质理论。

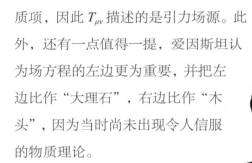

　　照此说来，时间和空间并不是为事件提供了一个被动的舞台，而是会受到物体甚至是辐射的影响的，

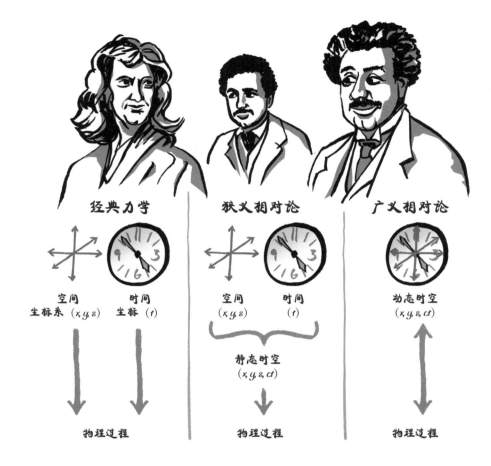

经典力学

空间
坐标系 (x y z)

时间
坐标 (t)

物理过程

狭义相对论

空间
(x y z)

时间
(t)

静态时空
(x y z, ct)

物理过程

广义相对论

动态时空
(x y z, ct)

物理过程

　　至此，物理基本概念之间的关系已经发生了改变。1687 年，艾萨克·牛顿提出设想，认为宇宙中的时间和空间是无限的、被动的、绝对的。1905 年，爱因斯坦认识到了时间和空间之间的紧密联系以及它们的相对性（时间膨胀、长度收缩）。1915 年，爱因斯坦明白了时空在积极地与物质和能量相互作用，进而发生"弯曲"。此后，大量宇宙模型就发展了起来：时间和空间既可能有限，也可能无限；空间既可能收缩，也可能膨胀。

反之亦然。因此，引力是时空几何自身的属性，是时空被质量弯曲的结果。因为质量会使时间减慢（相对于引力较弱的参考系），使空间变形，使光线弯曲。从一定程度上来说，引力场并非散布在空间之中，它就是空间本身，或者说是空间的一个特征。

引力和时空几何在广义相对论中被紧密地联系在了一起。时空并不是固定不变的，也并非完全不受其中发生的一切的影响，而是本身就与事件相互作用。仅仅几十年之后，人们又明白了，时空甚至可以创造一切（宇宙大爆炸），还可以吞噬一切（黑洞）。事件与时空也紧紧相连。"时空告诉物质如何运动，物质告诉时空如何弯曲。"物理学家约翰·惠勒曾经不无诗意地指出。

随着引力场方程的问世，爱因斯坦抵达了广义相对论研究的一座关键性的里程碑。但是，这绝不意味着终点。实际上，研究工作才刚刚开始。

还有许多问题尚未得到解答：处于引力场中的物体的运动方程是什么？引力场方程有哪些解？局部边界条件和宇宙边界条件是什么？广义相对论会得出什么结论，有什么新效应，甚至是实际应用？如何验证广义相对论的结论？该理论的局限在哪里？如何克服这些局限？相对论在更广泛的物理学背景下意味着什么，它对科学和哲学的世界观又意味着什么？还有最重要的是，广义相对论能否与科学观测和实验的结果相吻合？

这些问题中，只有个别几个可以很快得到解答，但大多数问题的答案，科学家们直至今日仍旧在求索。

爱因斯坦的 小测试

1. 爱因斯坦想用广义相对论做些什么?

☐ a. 解释匀速运动

☐ b. 定义物质和能量

☐ c. 描述引力和加速度

2. 广义相对论的起点是什么?

☐ a. 惯性质量和引力质量等效原理

☐ b. 非加速参考系的相对性原理

☐ c. 光速不变原理

3. 爱因斯坦发展广义相对论需要什么支持?

☐ a. 开放式办公室里友好的同事

☐ b. 最新的天文学知识

☐ c. 非欧几里得几何

4. 引力场中的钟表会走得_____。

☐ a. 慢一些

☐ b. 快一些

☐ c. 快一些（在加速时）

5. 爱因斯坦为什么需要格罗斯曼的帮助?

☐ a. 为了解释相对论旋转圆盘的思想实验

☐ b. 为了学习弯曲空间的微分几何

☐ c. 为了证明方程的协变性

答案：1.c 2.a 3.c 4.a 5.b

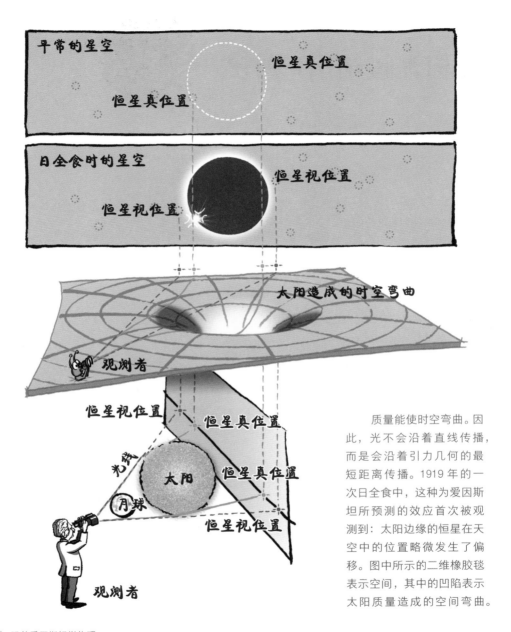

质量能使时空弯曲。因
此，光不会沿着直线传播，
而是会沿着引力几何的最
短距离传播。1919 年的一
次日全食中，这种为爱因斯
坦所预测的效应首次被观
测到：太阳边缘的恒星在天
空中的位置略微发生了偏
移。图中所示的二维橡胶毯
表示空间，其中的凹陷表示
太阳质量造成的空间弯曲。

爱因斯坦理论的实验验证

"迄今为止，广义相对论经受住了每一次考验，但是新领域的新一波检验即将到来。广义相对论是否能够挺住，一些人认为这是一个运气问题，一些人怀着虔诚的希望，另外一些人则是有着最坚定的信心。"

即使是在最疯狂的梦里，爱因斯坦也肯定想象不到相对论能够被如此完美地验证，直到今天。爱因斯坦认为，将广义相对论应用于实际之中是完全不可能实现的，他还说，他的理论与牛顿的引力理论之间的"预期偏差太小，以至于无法在地球表面测量时被注意到"。不过，他却把希望寄托在了天文测量上。然而，不仅是天文测量，现如今，在地球上的实验也很好地证实了相对论——有时精度甚至可以达到万亿分之一。相对论在 0.001 毫米至 1 亿千米的范围内都得到了出色的验证（无论是在微观领域、银河系还是宇宙中，它都是有效的，这实在令人激动）。即便是时空中的微小"涟漪"都测量得到。同时，相对论也早就深入我们的日常生活之中了：没有它，就没有能定位到地球上每一个点的卫星导航系统，就没有精确的高程测量——这些测量的精度都达到了几厘米内。

弯曲的宇宙

相对论不仅超越了知识的界限，也突破了政治思想狭隘、局面愈加危险的国家的界线，第一次世界大战之后，这个趋势开始变得明显起来。在民族主义泛滥的德国，牛顿的引力理论被推翻了。不过，这要归功于一位英国人，剑桥大学的阿瑟·斯坦利·爱丁顿教授，正是他将相对论从柏林传播到了全世界，使相对论首次获得了成功证实。实际上，他还是一位和平主义者，因而拒绝服兵役。

早在 1911 年，爱因斯坦就已经计算出，遥远恒星发出的光线经过太阳边缘的时候会因为太阳的引力而弯曲。他预测偏折角度应为 0.875 角秒[1]（这个值极小，在爱丁顿用的望远镜的玻璃摄影底板上，1 角秒才对应 0.026 毫米）。1913 年，爱因斯坦询问天文学家乔治·埃勒里·海耳，这是否可以在白天用望远镜观测到。但海耳并没有给爱因斯坦多大的希望——因为太阳的光线实在是太强烈了。

柏林天文学家埃尔温·弗罗因德里希与爱因斯坦常有书信往来，他是一位相对论的积极拥护者。因此，他想要尝试在 1914 年 8 月 21 日的日全食期间测量光线偏折，并随科考队前往克里米亚。然而，在刚刚爆发的第一次世界大战中，这支科考队伍被俘，设备也被没收了。另一支由威廉·华莱

---

[1] 爱因斯坦 1911 年的论文《关于引力对光传播的影响》中，预测值是 0.83 角秒，而实际计算结果应为 0.875 角秒。——编者注

士·坎贝尔带领的美国科考团队毫发无伤地逃脱了战场，但基辅以南厚厚的云层却阻碍了拍摄。这些失败对爱因斯坦来说未尝不是一件幸运的事，因为直到完成广义相对论的前一阵，在 1915 年 11 月 18 日的那篇论文中，爱因斯坦才意识到，时空弯曲导致的偏折角实际上应该是之前计算结果的两倍。这也使天文测量容易了一些。

"经过太阳的光线会发生 1.7 角秒的弯曲，经过木星的光线会发生 0.02 角秒的弯曲。"

1917 年，爱丁顿决定去检验爱因斯坦的预测，1919 年 5 月 29 日的日全食就是绝佳的机会。当日，爱丁顿在当时的西班牙属几内亚海岸附近的普林西比岛拍摄了天空，确定了太阳附近的恒星位置。同一时间，由格林尼治天文台的安德鲁·克罗姆林带领的后备科考队在巴西北部的索布拉尔进行了同样的观测。

事实上，对比几个月前太阳在别处时的夜间观测对照图像，这次在被月球遮挡的太阳边缘测得的光线偏折，首先，符合爱因斯坦的预测；其次，明显大于牛顿引力理论的计算结果。天文学家们在 1919 年 11 月 6 日英国皇家天文学会的会议中宣布了这一结果。"这一成果是人类思想最伟大的成就之一。"会议主席约瑟夫·约翰·汤姆孙评论道。

翌日，英国伦敦的《泰晤士报》以《科学中的革命》为题刊登了一篇详细报道，几乎一夜之间，爱因斯坦就成了明星。大西洋对岸，在《纽约时报》11月10日错误地报道"天空中所有的光线都是弯曲的"之后，爱因斯坦也立刻扬名美国。而在德国，这一消息的传播却经历了较长的时间。不过，12月4日《柏林画报》在头版刊登了爱因斯坦的大幅肖像照片，称他为"世界历史的新伟人"，还将他与哥白尼、开普勒和牛顿并列，放在一起。很快，爱因斯坦就名声大噪，信件如雪花一般飞来，多到他根本无法处理。一年后，在给马塞尔·格罗斯曼的一封信中，爱因斯坦如此写道：

"每一个街上的车夫和店里的服务员现在都在讨论相对论的对错。"

尽管爱丁顿的测量误差仍旧很大，但是从此之后，数据就逐渐变得越来越精确。现如今，人类已经可以对宇宙中不同位置的遥远射电星系进行精准定位，光线偏折的测量已经可以精确到0.1%。遍布世界的射电望远镜网络甚至能测出与太阳呈90度角时仅0.004角秒的偏折角；并通过超过500个射电源使得测量精度达到0.002%，验证了广义相对论。此外，天文卫星也非常有用，能够精准确定恒星位置：1997年，欧洲空间局发射的依巴谷卫星的数据分析显示，它的误差仅为0.3%。2013年发射的继任探测器盖亚很快将精度进一步提高了上百倍。

1964年，射电天文学家欧文·夏皮罗发现，当电磁辐射在地球与一个

无线电信号经过太阳边缘附近时，能探测到太阳引力场的凹陷。因此，它的传播路线就会比在不弯曲的时空中更长一些。

太阳背后的目标天体之间往来，恰好经过太阳边缘时，会产生类似于光线偏折的效应。这种效应的例子包括水星或金星的雷达回波，以及地球与遥远的空间探测器之间的无线电通信。由于这些无线电波也沿着弯曲的太阳引力场传播，因此它们的传播距离要比在平直时空中略长一些。这就是夏皮罗时间延迟效应。2002 年和 2003 年"卡西尼"号探测器对这一效应的测量是最具有代表性的。当时，"卡西尼"号探测器正驶向土星，并与地球进行无线电联络。探测器发出的信号最近时，距离太阳边缘仅有 1.6 太阳半径。这些数据证实了相对论，精度可达 0.01%。

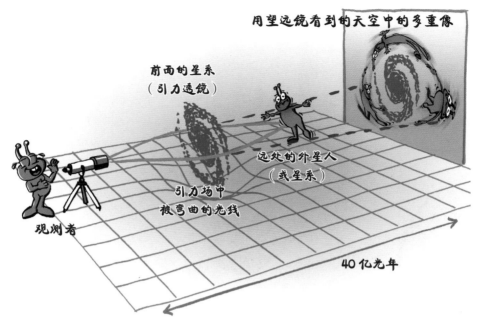

用望远镜看到的天空中的多重像

前面的星系
（引力透镜）

远处的外星人
（或星系）

引力场中
被弯曲的光线

观测者

40 亿光年

大质量天体，如黑洞、星系或星系团，都能起到引力透镜的作用：它们可以把远处的恒星或星系发出的光分开来，因此你可以从望远镜中看到恒星或星系的多重像或环形像。

　　光在时空弯曲的影响下不仅会发生偏折，还会被分开，极端情况下（在黑洞附近）甚至发生 180 度偏转。这种引力透镜效应会在天空中产生虚像。因为前面的星系会影响它背后的远处星系发出的光的传播路径，使远处星系的像变得更加明亮，有时还会产生两重、四重或弧形畸变的像。

　　爱丁顿 1920 年在专著中首次对引力透镜效应进行了描述。不过，爱因斯坦早在 1912 年就认识到了这个效应，彼时爱因斯坦连广义相对论都尚未完成。1936 年，爱因斯坦发表了一篇有关理论上可能存在环形像的论文，这种环形像需要从观测者的角度来看，远处的星系正好在前面的星系的后面。但爱因斯坦并不认为人们可以观测到这一现象。

然而，自 1979 年以来，人们已经拍摄到了数百张这样的影像。天文学家们则借此来测量宇宙距离。2014 年，科学家们还捕捉到了单个恒星——93 亿光年之外的超新星的引力透镜图像！同时，所谓的"爱因斯坦环"[1] 也为更多人所知，其中远处星系散发出的光就像宇宙中的海市蜃楼一样环绕着前面的星系，而前面的星系的作用就类似于放大镜。

星系的引力透镜效应不仅是以广义相对论为基础的一个应用，它反过来也有助于对其进行检验。通过分析星系中恒星的速度分布可以计算出星系的引力势，将计算结果与在该星系引力透镜模型中测定的质量进行比较，就可以验证广义相对论，因为这些数据是不能相左的。该验证方法 2006 年首次应用于 15 个椭圆星系的研究之中，结果是数据基本符合理论预测，误差约为 10%——这与爱丁顿 1919 年日全食的测量误差相近。至此，爱因斯坦关于光线偏折的假设通过了星系的尺度上的首次验证。

自由落体、激光测距和搅拌蜂蜜

其他的许多检验方法也以极高的精密度证实了广义相对论的预测。爱

---

1 即引力透镜效应的环形像。——编者注

因斯坦"最幸运的灵光乍现"——引力质量与惯性质量等效原理尤其如此。等效原理不仅被证明是广义相对论的"路标",而且出乎意料地复杂。它衍生出了三个变体。

弱等效原理表明了自由落体普适性:在忽略电磁影响和潮汐效应的情况下,不同物体在同一引力场中的下落速度均相同,与物体的质量、成分的性质和内部结构均无关。物理学家罗兰·厄缶自 1890 年起就已经证明了这一点,精度超过了亿分之一。而爱因斯坦却直到 1912 年才得知厄缶的实验,此时距等效原理问世已有 5 年之久了。

自此之后,等效原理更是为许多精度更高的实验所验证。对地球与月球之间距离的测量,已证实等效原理可达到万亿分之一的精度。在月球激光测距实验中,激光束将从地球射向由"阿波罗"11 号、14 号和 15 号的航天员们放置在月球上的反射器(或在自动着陆的月球车上的两个反射器),再从月球反射回地球。现如今,地月距离的测量精度可以达到 1 毫米(由于潮汐相互作用,平均地月距离每年会增加约 3.8 厘米)。如果没有相对论,这些数据都将无法解释。华盛顿大学(西雅图)的埃里克·阿德尔贝格尔领导的"厄特华什"团队[1](该团队的名字是为了致敬先驱罗兰·厄缶)进行了更为精确的自由落体实验。2017 年的"显微镜"卫星实验进一步将精度提高了10 倍:其结果证明了在精确到小数点后 14 位(10^{-14},即百兆分之一)的范

---

1 该团队的名字 Eöt-Wash,前半部分是致敬厄缶(亦译厄特沃什),后半部分是致敬华盛顿大学。——编者注

射向月球并被反射回地球的激光束不仅可以将地月距离精确到毫米，还可以精确地检验爱因斯坦的等效原理。

围，自由落体普适性依然适用。经过进一步的数据分析，这一精度还可以再提高 10 倍。但是，该原理是否真的完全地、精确地适用，仍旧是一个悬而未决的问题，因为在之前的推广相对论适用范围的实验中出现了微小的偏差。

除了弱等效原理之外，爱因斯坦的等效原理还指出，测量结果既不受参考系的速度影响（局域洛伦兹不变性），也不受位置和时间影响（局域位置不变性）。因此，光在真空中的速度不会由于空间、方向、时间和光源的变化而发生改变，这也是狭义相对论的要求。事实上，高精度的测量还未曾发现达到 $1/10^{21}$ 的偏差。

此外，强等效原理还考虑到了物体本身的引力一致性（除了核力和电磁力）。1968 年，蒙大拿州立大学的肯尼斯·诺德维特认识到，这一点可以通过比较两个大质量物体引力质量和惯性质量的比例来验证。举个例子，假如地球和月球围绕太阳旋转的速度略有不同，那么相对论就会被推翻。不过，截至目前，相对论已经成功通过了检验，测量误差为 0.04%。

除此之外，还有许多成功的验证实验。在火星探测器的帮助下，科学家们对牛顿引力常量的不变性进行了检验。结果表明，这一常量从 138 亿年前的宇宙大爆炸开始，改变了不到 1%。这极大地限制了其他具有不同引力常量的引力理论的发展空间。

1918 年，维也纳大学的约瑟夫·兰斯和汉斯·蒂林提出了一种非常精微的效应[1]：旋转的质量会轻微拖曳其周围的时空——就像一支汤匙搅拌黏稠的蜂蜜一样。这种效应会引发例如自由摆动的摆锤和围绕地球公转的球体发生微小的偏转。为了验证这种效应，2004 年，在斯坦福大学的弗朗西斯·埃弗里特的主持下，"引力探测器 B"卫星发射成功。（该探测卫星的研发工作早在 1963 年就开始了。）2011 年，只有 0.04 角秒的预测偏转角度被成功地测量到，但预计精度却远未达到 1%，只达到了 20%。另外，实验中测量到了由于地球引力场时空曲率造成的 6.6 角秒的更显著的偏转[2]，精

---

1 称为兰斯－蒂林效应，或参考系拖曳效应。——编者注
2 旋转物体的自转轴因时空弯曲而在空间产生相对论性进动，称为短程线效应，或测地线效应。——编者注

度在 0.5% 以内。此外，罗马大学的伊尼亚齐奥·丘福利尼通过发射激光束，激光束再由两颗分别于 1976 年和 1992 年发射的激光地球动力学卫星（LAGEOS）反射回来，也成功测到了兰斯 – 蒂林效应。2012 年，激光相对论卫星（LARES）升空，预计在本世纪 20 年代将精度提高 20 倍。这颗球形卫星直径约 36 厘米，重近 400 千克，由钨合金和 92 个反射器组成，是太阳系中密度最大的物体。

从太空到日常生活

"如果把时钟放置在有质量的物体附近，它就会变慢。由此可得，从大质量恒星表面射向我们的光的谱线，一定会向光谱的红端移动。"

在引力的作用下，辐射源的波长增加，时钟变慢。早在 1911 年，爱因斯坦就已经建议测量引力红移，并希望这种效应可以很快在太阳光谱中得到验证。但由于太阳表面湍流的干扰，引力红移的测量一直搁置到 1962 年。即使到了 20 世纪 90 年代，引力红移的测量也没能精确到 2% 以内。

与之相反的是，在地球上，引力场中时间变慢的现象——相当于引力红移——更容易测量。1959 年，哈佛大学的罗伯特·庞德及他的学生格伦·A.

雷布卡首次完成了测量。测量高差仅为 22.5 米，测量误差最初为 10%，之后在 1964 年庞德和约瑟夫·L. 斯奈德的实验中，误差到了 1% 以内。

更为著名的其实是那些高差更大的实验：1971 年，圣路易斯华盛顿大学的约瑟夫·C. 黑费勒与美国海军天文台的理查德·基廷带着四只铯原子钟，两次坐上飞机环绕地球，两次的飞行方向相反，然后将它们的计时结果与放在华盛顿、之前已设置同步的时钟进行比较。飞机上的时钟比实验室中的对照时钟快了十亿分之几秒——这一结果与预测相符（误差 5% ~ 10%）。1976 年，"引力探测器 A"卫星携带着原子钟被发射到距离地面 10 000 千米高的高椭圆轨道上，极大地提高了测量的精密度（误差 0.007%）。

与此同时，这些测量已经不再囿于基础物理学，而是通过卫星导航完完全全走进了日常生活。倘若没有考虑到狭义相对论和广义相对论，卫星导航就无法实现。如果不考虑由于速度和引力造成的时间

因为辐射的波长在引力场（例如太阳引力场）中会稍微增加，所以光真的可以"变红"（引力红移）。

延迟，那么卫星定位每天会偏离 2.2 度，也就是大概 10 千米。仅仅三天之后，导航系统就没办法知道自己是在门兴格拉德巴赫还是伍珀塔尔了。[1] 没有爱因斯坦，你用卫星导航最多只能找到地球上的一个大城市，而无法找到某所房子或躲在公寓某个角落里的一只猫（假如这只猫脖子上戴着 GPS 发射器）。

1960 年以来，在地球上测量时间膨胀的精度也越来越高。垂直高度每米时间相差仅 10^{-16} 秒。经过一年的时间，桌子上的时钟会比地板上最初与之完全同步的时钟快 3×10^{-9} 秒，也就是说，假设这两个时钟从宇宙诞生以来就一直在计时（138 亿年），那么至今它们的时间差也不过只有 44 秒而已。如今，光学原子钟的精度已达 10^{-18} 的级别，其频率可以通过光纤进行传输。这意味着高度差在几百千米的范围内已经可以精确到厘米级别了。自此，大地测量将迈入一个"精确"时代（2010 年，广义相对论的验证精度到了 0.000 000 7%）。地壳板块运动已经可以精确测量到 1 厘米 / 年的量级，但基准面高度在国际上仍不统一，例如，德国的基准面高度就比瑞士的高 27 厘米，这一差别曾经给边境桥的修建造成困难和混乱。另外，在未来几年[2] 内，新的时间标准（对秒的定义）将会确立，而这肯定是少不了相对论的帮助的。未来或许还会绘制出更为精确的地球引力地图，这将有助于确定矿产资源和水资源的位置。借助 GPS，人们已经测量到地轴以 12 个月为周

---

1 门兴格拉德巴赫和伍珀塔尔都是德国北莱茵 - 威斯特法伦州的城市。——译者注
2 原书第一版出版时间为 2018 年。——编者注

引力场中的时钟及高速运动的时钟会走得慢一些。这两种效应都可以通过高精度原子钟的相对频率变化进行测量，且它们在卫星导航中也起着至关重要的作用。因此，必须时刻考虑到这两种效应，以确保美国的 GPS、俄罗斯的 GLONASS 和欧洲的 Galileo 卫星导航系统都能有效地工作。在海拔 3170 千米（距地核 9550 千米）处，引力和轨道速度这两个相反的效应正好可以相互抵消。因此，图中相对频率变化的零点就代表，在此处，狭义相对论和广义相对论对时间流逝的影响正好相互抵消了。国际空间站（ISS）中的时钟略慢于地球上的时钟，而卫星上的时钟则略快于地球上的时钟，在高 20 000 千米、每小时飞行近 14 000 千米的 GPS 卫星上的时钟，要比地球上的时钟每天快上 4.6×10^{-5} 秒。

期、振幅 15 米的晃动，这将有助于我们进一步了解地球的内部质量分布。

测量相对准确

广义相对论的相关检验亦可检验并证实狭义相对论，因为狭义相对论本来就是广义相对论在弱引力场中的特例。尽管如此，物理学家们仍旧对狭义相对论进行了专门研究，至今尚未发现与预测有任何偏差。

例如，μ 子就表明，时间膨胀和长度收缩并不是幻觉，而是实实在在可以被测量到的效应。μ 子可由宇宙射线（主要是高能质子）与地球大气中的原子核碰撞产生。这些 μ 子是电子的重"兄弟"，可以用特殊的探测器在地球上探测到。当然，如果没有相对论，这一切都是无法实现的。因为 μ 子不稳定，容易衰变，其半衰期仅有 1.5×10^{-6} 秒。μ 子是在距离地面 30 千米处形成的，它们 1.5×10^{-6} 秒只能够前进 450 米——尽管它们几乎以光速前进。30 千米之后，几乎所有 μ 子就都衰变殆尽。但是，对地球上的观测者来说，情况却并非如此，因为时间膨胀会大大延长 μ 子的寿命。还需要补充说明的是，μ 子极高的运动速度使它所走过的距离大为缩短——从它们自己的参考系来看，它们到地球表面不需要 30 千米，而只需要几百米而已。

1976 年，高速运动下的时间膨胀首次在位于日内瓦的欧洲核子研究中心（CERN）进行了测量。物理学家们在那里制造出了 μ 子，它们以 99.94% 的光速在储存环中运动，半衰期为 4.46×10^{-7} 秒，是静止时的 30 倍。这一结果与狭义相对论的预测相符（测量误差 0.2%）。

第一个成功验证 $E = mc^2$ 的实验是由约翰·考克饶夫和欧内斯特·沃尔顿在剑桥大学卡文迪许实验室完成的，不过这一实验尚不十分精准。1932 年，他们用世界上第一台粒子加速器发射质子，轰击锂原子，使每个锂原子产生了两个 α 粒子（He-4 原子核）。除了起始产物和最终产物的质量，计算中必须加上所释放出的动能（17 兆电子伏），才能保证反应前后守恒。1934 年，巴黎的伊雷娜·约里奥－居里和弗雷德里克·约里奥－居里发现，高能辐射可以产生粒子。同年，恩里科·费米也提出了同样的预测。由此可知，能量和质量可以相互转化，并没有根本性的区别。2005 年，西蒙·雷恩维尔领导的麻省理工学院研究团队发布了迄今为止最精确的 $E = mc^2$ 验证实验，误差仅为 0.000 04%。中子轰击硅原子和硫原子时，中子被俘获，原子转化，释放出 γ 射线，其能量可以被精确地测量。

相对论质量增加也不仅仅是一个思想游戏，它早就成为粒子物理学家们日常研究的一部分。举个例子，如果欧洲核子研究中心（CERN）的大型强子对撞机将质子加速到光速的 99.999 999%，那么它们的质量将会是静止时的 7000 倍。在老式的显像管[1]电视机中，相对论质量也发挥着作用：在阴极射线管中，电子被 20 000 伏的电压场加速到光速的三分之一左右，它们的质量就会增加 6%。电子撞击荧光屏时会在上面显示出一个个像素点，如果在设计显像管时没有考虑到狭义相对论的效应，那电子撞击荧光屏的位置就会偏离目标位置多达 1 毫米，电视画面就会模糊不清。

黑洞和引力波

即便是爱因斯坦这样的天才，也不是第一次尝试就会成功。起初，他对时空振动的存在有所怀疑，后来他预测到了它的存在，再后来他又对此进行了修正，最后他才再一次肯定了它的存在。

在 1916 年 2 月 19 日给天体物理学家卡尔·史瓦西的信件中，爱因斯坦写道，广义相对论中可能"不存在类似于光波的引力波"。与爱因斯坦一样，史瓦西也受聘于柏林的普鲁士科学院，但他同时也是在东线对抗俄罗斯的一名炮兵少尉。在前线，他找到了引力场方程的第一个精确解，这就是后来以他名字命名的"史瓦西半径"。史瓦西半径是最简单的一种黑洞的尺寸，黑洞密度极大，就连光都无法逃脱它的引力（不过，当时没人理解这一点，就连"黑洞"这个词也是 20 世纪 60 年代才创造出来的。爱因斯坦本人甚至到

---

1 显像管是一种阴极射线管，是电视显示图像的重要器件。——编者注

了 1939 年还在强烈怀疑这种时空深渊是否真的会存在于宇宙之中）。

1916 年 6 月 22 日，爱因斯坦完成了一篇题为《引力场方程的近似积分》的论文。他使用了一种新的近似计算来研究"引力波及其产生的方式"，并提出加速运动的质量会以类似加速运动的电荷辐射电磁波（如无线电波）的方式，产生引力波。据此，他推断"引力场以光速传播"。1918 年 1 月 31 日，爱因斯坦向《普鲁士科学院会议报告》提交了一篇论文，题目很简单：《论引力波》。他在其中不无后悔地说道，由于他之前的表述"不够明晰，且还因一个令人遗憾的计算错误受到歪曲"，因此他不得不"再次从头研究这个问题"。在新的研究工作中，他还提出了引力波能量的四极矩公式，直至今日，该公式仍在使用。

但是，1936 年，在爱因斯坦移居美国、于普林斯顿高等研究院继续研究后，他的思想却发生了 180 度的转变。爱因斯坦认为，他可以与他的助手内森·罗森证明引力波并不存在，那只是坐标选择错误的人为结果。但是，到了 1936 年底，他意识到自己犯了一个错误。而他刚好可以修改一开始反对引力波存在的论文，并以相反的结论发表。直到爱因斯坦去世后，物理学家们经过了更为深入的讨论，才成功证明了引力波能够传输能量。因此，引力波是如此真实地存在着，从理论上讲，你甚至可以用它来给水加热。

爱因斯坦的时钟：旋转的恒星尸体

爱因斯坦的宇宙是一个充满魔力的世界。有一些几乎完美的球体像杂耍者手中的球一样，相互围绕着飞速旋转。它们的直径超过了 12 千米，密度却非常大，一茶匙的质量就超过了 100 亿吨，比珠穆朗玛峰还重。这些球体就是 1967 年才首次发现的中子星。中子星是巨型恒星燃尽，发生超新星爆炸，外壳向太空抛出后留下的核心。

由于宇宙中大多数恒星都是双星系统，因此这样的恒星尸体有时也会成对存在。天文学家已经实际观测到了大约 25 个中子星双星系统。在这种奇特的系统中，可以对广义相对论进行高精度测试，且是在强引力场中进行验证，而这在太阳系显然是无法实现的。测量中子双星是现今爱因斯坦这一伟大理论的最佳验证实验之一。这些密度极大的双星还为引力波的存在提供了第一个间接证据。

第一个被观测到的中子星双星系统位于天鹰座中，距离我们约 21 000 光年。它叫 PSR 1913 + 16，是以它的天球坐标命名的。1974 年，罗素·赫尔斯与他的博士生导师约瑟夫·泰勒用波多黎各岛上的阿雷西博射电望远镜发现了它，他们因此获得了 1993 年的诺贝尔物理学奖。发现 PSR 1913 + 16 后不久，科学家们立刻就意识到，它能够用来研究新的相对论效应。这两颗中子星各为 1.4 太阳质量，每 7.75 小时绕高椭圆轨道一圈，轨道高度最大为 195 万千米。对其中一个恒星尸体的无线电辐射进行高精度测量，不仅可以确定经典参数（例如轨道形状和周期），还可以确定 8 个不同的相对论变量——而这需要几十年之久。这使得在强引力场中验证广义相对论第一次有了实现的可能。

两个相互围绕旋转的中子星是检验广义相对论的一个理想的自然实验室。这两个致密且燃尽的恒星尸体以极快的速度稳定地旋转，并沿着磁轴发射无线电波。

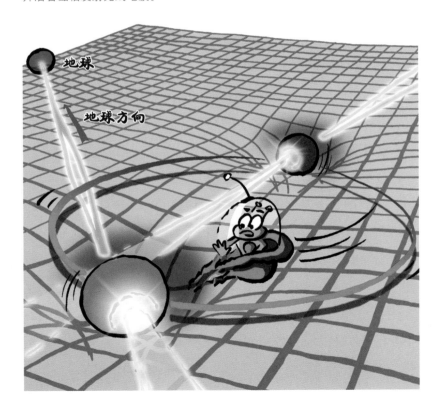

此外，研究还发现，PSR 1913 + 16 的轨道周期每年减少约 7.5×10^{-5} 秒。两个天体转动得越来越快，也越来越近。每一个地球年，它们的轨道高度就会缩小约 3.5 米，这就意味着，这两个中子星将会在大约 3.02 亿年内相撞。而其轨道速度降低，是因为加速运动的质量会以引力波的形式释放能量。研究数据与广义相对论的预测高度相符，相差不超过 0.2%。PSR 1913 + 16 首次证明了爱因斯坦对引力波的预测是正确的。

2003 年，双星系统 PSR J0737-3039 于船尾座中被发现，距离地球约 4000 光年。这两个中子星每 147 分钟就绕轨道一周，速度约为 100 万千米 / 时，两星之间相隔 90 万千米。由于不断产生引力波，它们的轨道每年都会降低 2.5 米，且将会在约 8500 万年后融为一体。天文学家们还在这一系统中首次测量到了典型的自转轴的摆动（相对论性进动）和夏皮罗时间延迟效应。所有的测量数据都与广义相对论的预测相符，相差不超过 0.02%。这使得其他一部分引力理论遭遇了困境，甚至被彻底推翻。

时空的振动

在爱因斯坦预测到引力波的一个世纪之后，科学家们首次直接对它进行了测量——且是奇怪地借助激光束测量到了黑洞的引力波（黑洞是 1916 年根据广义相对论测算到的，而激光的理论基础也是爱因斯坦于 1916 年奠定的）。在此之前，一位理论家天才的创造性思想，与数百位实验者对科学工程之细致精心，从未如此令人叹为观止地结合在一起。

极为精确地证实了爱因斯坦的大胆想法的，正是激光干涉引力波天文台（LIGO）的测量结果。该天文台分别在美国华盛顿州的汉福德与路易斯安那州利文斯顿的森林中建有两个设施，彼此相距 3000 千米，它们各有两条相互垂直的激光臂，分别长达 4 千米。它们的工作原理与证明了光速不变的迈克耳孙－莫雷干涉仪相同（参看第 11 页）。只不过 LIGO 的精度要比迈克耳孙－莫雷干涉仪高出好几个数量级：激光束的叠加图像可以测量出仅 10^{-21} 米的长度差距。这就相当于，在测量太阳与最近的恒星之间的距离时，精确到了头发丝直径的十分之一。

这使得捕获到遥远黑洞相撞释放出的引力波成为可能（黑洞最初以疯狂的速度相互围绕旋转，然后剧烈碰撞，最终相互融合），也开辟了一条通往太空的新途径：之前，宇宙只能被观测，现如今，我们还可以"聆听"宇宙！因此，这次测量不仅是物理学的一次胜利，它对天文学来说也非常有趣，因为它可以得出有关宇宙性质和发展的结论。所以，LIGO 的先驱雷纳·韦斯、基普·索恩和巴里·巴里什荣获 2017 年的诺贝尔物理学奖也就不足为奇了。

2015 年 9 月，LIGO 首次探测到引力波信号。自此，"聆听"时空涟漪差不多成了 LIGO 的例行任务。迄今为止，LIGO 已经捕获到了至少 5 次由黑洞碰撞释放出的引力波——这些黑洞的质量介于太阳质量的 5～40 倍之间，与地球的距离在 10 亿～30 亿光年之间——其中一次是 2017 年 8 月与位于意大利比萨附近的室女座引力波探测器一同测出的。此外，同月，这三个干涉仪还首次成功探测到两颗中子星碰撞产生的引力波。这次碰撞也可以用电磁波谱"拍摄"出来，碰撞产生的辐射范围从 γ 射线一直到无线电波，因此便可以在太空中被精准地定位到长蛇座的一个椭圆星系 NGC 4993 的边缘，距离我们 1.3 亿光年。这次发现被认为开辟了天体物理学的新时代，也首次证实了如下假说：较重的元素（例如金、铂和铀）主要都是在此类剧

黑洞相撞会导致时空波动，这种波动在数亿光年之外依然可以被测量到。

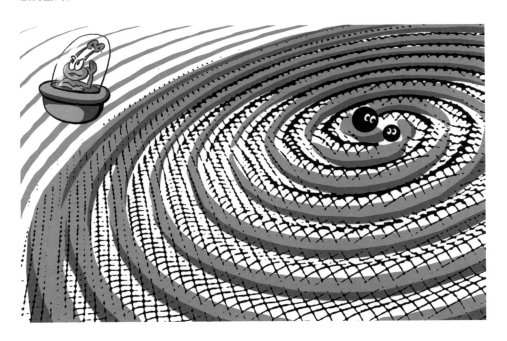

烈的碰撞事件中产生的。

根据爱因斯坦的质能方程 $E = mc^2$，黑洞相撞时能够在不到 1 秒的时间内将两到三个太阳的质量转化成纯能量，但这些能量是不可见的，因为它们产生的巨大的力作用在了对时空结构的振动上。这些能量相当于可见宇宙中所有恒星同时发出的辐射之和！如果没有爱因斯坦的相对论，那么人们将无法理解这一现象，更无法发现它。

除此之外，对引力波的测量又带来了新一轮的检验。根据爱因斯坦的预测，引力信号的传播速度正好等于光速，且测量数据已经以超过 $1/10^{17}$ 的精度排除了其他的可能。黑洞理论也可以用记录下的波形来进行验证，截至目前，尚未出现质疑。当将来有四五个探测器同时运转时——目前，有两个正分别在日本和印度建造——相对论就又将面对另一个严峻的考验。根据广义相对论的预测，引力波只有两种偏振态[1]。而更为复杂的引力理论（爱因斯坦理论的竞争者）则还有多达四种的极化。倘若只有其中之一被清晰地测量到，那么广义相对论就会被推翻。

---

1 波在垂直于传播方向的平面内的具体的振动状态，被称为偏振态，或极化态。——编者注

爱因斯坦的 小测试

1. 光线接近太阳时会发生什么现象?

☐ a. 光线穿过太阳后就消失了

☐ b. 光线在太阳附近发生弯曲

☐ c. 光线在日食时发生弯曲

2. 引力透镜会造成什么现象?

☐ a. 引力透镜吞噬光线（黑洞）

☐ b. 引力透镜使光线增强，使光线分开

☐ c. 引力透镜使光红移

3. 时间在什么情况下会变慢?

☐ a. 在你读书的时候

☐ b. 在德国联邦议院

☐ c. 以光速运动的时候

4. 黑洞是_____。

☐ a. 财政政策的结果

☐ b. 不发光的极致密的天体

☐ c. 低质量恒星燃尽的核

5. 引力波_____。

☐ a. 是时空的周期性收缩和膨胀

☐ b. 的速度总是比真空中的光慢一些

☐ c. 是高速匀速运动的必然结果

答案：1.b 2.b 3.c 4.b 5.a

　　闭合的宇宙有可能像一个球，但比方说，从物质的分布情况来看，它也有可能像一个更高维的马铃薯。

宇宙模型

"从天文学的角度来看，相对论无疑是我个人搭建出来的一个空旷的空中楼阁。但对我自己来说，相对论的思想是会进一步发展完善还是会走向矛盾，才是亟待解决的问题。"

1917 年，身在柏林的爱因斯坦与远在荷兰莱顿大学城的天文学家威廉·德西特在信中讨论宇宙的本质。两人拖着病体，在战争的阴霾中建立了一个新的宇宙观——它比所有的榴弹和政治动荡更具颠覆性，至今科学家们仍在不遗余力地对此进行探索。与千百年来从神话到宗教再到哲学的探索不同，人类第一次进行了物理学尝试，且其基础一直延续至今。它是一个真正的关于宇宙整体的研究。现代宇宙学——对宇宙的科学理解——也由此发展起来。另外，即便爱因斯坦当时没能认识宇宙的本质，他也为人们描述遥远的过去和未来奠定了坚实的理论基础。这要归功于他的广义相对论。1917 年 2 月，爱因斯坦通过引入宇宙常数完善了广义相对论，而这项成就的伟大价值历经了一个世纪才为人所知。

宇宙惯性

"我又一次在引力理论上搞砸了,这让我快被关进疯人院了。"

1917 年 2 月 4 日,爱因斯坦给他在荷兰莱顿的朋友兼同事保罗·埃伦费斯特的信件中如是写道。在 11 天后发表的一篇论文中,爱因斯坦详细阐述了他的这一想法。这不仅是人类数千年来探索理解宇宙的思想的关键时刻,还标志着一个自然科学新时代的开始:爱因斯坦的这篇论文是现代相对论宇宙学(描述宇宙整体的结构和动态特征)的开山之作。

今天的现代宇宙学深受所谓的"大爆炸标准模型"和"宇宙膨胀理论"影响,这在当时还是无法想象的——尽管理论上来说爱因斯坦是完全有可能提出这些想法的,倘若他能够更加相信、坚持自己的物理理论的话。

虽然如此,爱因斯坦最初极端推测性的尝试却是一个里程碑,他将对宇宙的理解建立在了广义相对论的基础之上。没有广义相对论,人们就不可能对整个世界进行实际描述。

"我还可以用玩笑话这样表述:如果我让所有东西都从世界上消失,那么根据牛顿的理论,伽利略的惯性空间仍然存在,但根据我的看法,什么都不会留下。"

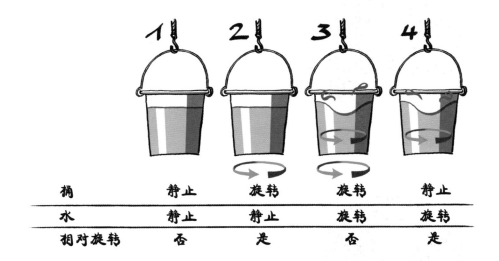

桶	静止	旋转	旋转	静止
水	静止	静止	旋转	旋转
相对旋转	否	是	否	是

艾萨克·牛顿认为，绝对空间的存在不取决于其中的事物。他用一个悬挂起来的水桶的思想实验来证明这一观点：图 1 水桶静止，水面持平。图 2 水桶刚开始转动时，水面还是持平。图 3 水桶转动一会儿后，离心力把水往水桶边缘向上推，水面开始凹陷。这个凹陷表明水在旋转，尽管对以相同速度旋转的桶来说，水是相对静止的。因此，牛顿认为水一定是相对于什么东西在旋转，那就是绝对空间。图 4 水桶被突然停止后，水的抛物面凹陷仍会持续一段时间。最终，摩擦力让桶中的水停止旋转，恢复静止。牛顿认为，水面的形状不取决于与桶的相对运动，而必须取决于绝对空间。

1916 年 1 月 9 日，爱因斯坦给同为普鲁士科学院院士的天体物理学家卡尔·史瓦西的一封信中这样写道。信中，爱因斯坦还提出了相对论的核心思想：艾萨克·牛顿所说和经典力学所要求的绝对空间是不存在的，且空无

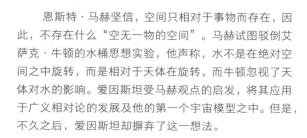
恩斯特·马赫坚信，空间只相对于事物而存在，因此，不存在什么"空无一物的空间"。马赫试图驳倒艾萨克·牛顿的水桶思想实验，他声称，水不是在绝对空间之中旋转，而是相对于天体在旋转，而牛顿忽视了天体对水的影响。爱因斯坦受马赫观点的启发，将其应用于广义相对论的发展及他的第一个宇宙模型之中。但是，不久之后，爱因斯坦却摒弃了这一想法。

桶和水旋转
地球和恒星静止

一物的空间是一个荒谬的想法。由此，爱因斯坦继承了哲学家戈特弗里德·威廉·莱布尼茨及恩斯特·马赫的思想，加入了反对牛顿观点的阵营。

桶和水静止
地球和恒星旋转

　　事实上，马赫对牛顿理论的批判正是爱因斯坦发展广义相对论的关键起点。爱因斯坦甚至在1918年发表于《物理学年鉴》的一篇论文中提炼出了马赫原理，根据该原理，"空间状态完全由物体的质量决定"。在广义相对论的框架下，爱因斯坦引入了一个几何量来描述空间——更准确地说，是与时间紧密结合在一起的时空连续统，这个几何量就是度规。爱因斯坦认为，这个度规场能够完全地确定物质和能量。（不过，爱因斯坦的这一激进主张已被证明是错误的，他甚至在 1954 年的一封信中说，事实上，我们今后不用再谈论马赫原理了。但是，这一复杂的问题至今仍然存有争议。）

　　然而，爱因斯坦在 1916 年就意识到，他的方法遭遇了困境。如果宇宙是无限的，那么除了相对论的方程之外，他还必须给出空间无限的边界条件。如果物质的惯性——根据爱因斯坦的等效原理，惯性质量等于引力质量——仅通过与周围所有物质的相互作用产生（如马赫驳斥牛顿所言），那么这就应该反映在边界条件之中。但是，倘若银河系单独存在于整个宇宙之中，或者至少是与其他物质相距甚远，那么惯性就无法用马赫原理来解释了。

宇宙之旅

　　"在引力方面，我正在寻找无限远的边界条件。思考在什么范围内存在一个有限的宇宙，即一个有限广延能够被自然测量的、其中所有惯性实际上都是相对的宇宙，是一件十分有趣的事情。"

　　1916 年 5 月 14 日，爱因斯坦在给他远在瑞士的好友米凯莱·贝索的一封信件中如是写道。紧接着，同年秋，爱因斯坦就在莱顿大学宣讲了他的观点，然而却遭到了严厉的批判。莱顿大学天文台的天文学家威廉·德西特认

有限宇宙有边界　　　无限宇宙无边界　　　有限宇宙无边界

　　宇宙可能是有限有边界的，也可能是无限无边界的。不过，还有第三种可能性：有限无边界。这种可能性只有在非欧几里得几何与广义相对论的框架内，才是物理上有意义的概念。在这个闭合的宇宙中，光是有可能绕着宇宙转圈的。另一方面，无限宇宙除了数学悖论，还会引发一个问题：其可见范围之外有什么？而有限有边界的宇宙会让人不禁猜测它的边界又是什么样子：我们能否拿一根棍子戳破边界，或者把光发射出去？或者边界处有什么东西，比如墙壁？

为，如果还需要可观测宇宙范围之外存在有质量物质，那爱因斯坦的解释并不会比牛顿的绝对空间更加令人满意。此外，引力场方程还会拥有一个优先的坐标系，这违反了相对论的基本原则，即自然定律不取决于坐标系。

　　"我想得时间越长，就越觉得你的假设不对劲。"11 月 1 日，德西特在给爱因斯坦的一封信件中写道。"这些遥远的有质量物质在哪里，它们是如何产生的。再者，惯性是如何从那里到这里来的"，这些问题的答案都十分模糊。由于边界条件的存在，相对论将会失去它的很多古典之美。

爱因斯坦接受了这些反对意见，放弃了他的提议。但他却并没有放弃解释惯性是如何取决于宇宙中的质量的——在不接受边界条件存在的情况下。终于，爱因斯坦有了一个绝妙的想法。

1917 年 2 月 8 日，普鲁士科学院物理数学组召开每周例行的会议。根据档案中的会议记录，29 位成员中的 10 位参加了会议，其中包括后来的诺贝尔奖获得者马克斯·普朗克和瓦尔特·能斯特。用墨水手写的会议记录中记载道："在经同意朗读了上一次会议的记录后，爱因斯坦先生发表了讲演。"在此次会议上，爱因斯坦做了题为《根据广义相对论对宇宙学所做的考察》的讲演，并向《普鲁士科学院会议报告》提交了同名论文。早在 1915 年末，他就已经在这里发表了他的《引力场方程》——这篇论文可以说是广义相对论的精髓。2 月 15 日，这篇新论文发表——正如爱因斯坦当天写给物理学家瓦尔特·达伦巴赫的书信所言，这篇论文"有些大胆，但绝对值得思考"。

爱因斯坦假设，宇宙是一个"闭合的""有限空间（三维的）体积"。这个假设极其精妙，它不仅明显满足了马赫原理，还放弃了对边界条件和遥远有质量物质的推测。同时，它也为"宇宙的无限性"这一经典议题提供

在闭合的宇宙中，光束理论上可以环绕整个宇宙传播，就像在球面上一样。

了新思路。

爱因斯坦的宇宙模型在空间上是有限的，但却是无边界的——它的边缘并不神秘，也并非无法想象。更确切地说，它是自身闭合的，且会逐渐退化至类似于球形的表面。也就是说，倘若驾驶火箭一直向前飞行，你就会回到原点，理论上你甚至能环游宇宙。

宇宙学原理

爱因斯坦对自己的模型进行了极端简化：当"我们在巨大的尺度结构内讨论问题的时候，就可以假设物质在巨大的空间中是均匀分布的"。因此，爱因斯坦认为，在巨大的范围内平均下来，密度差是可以补偿的，且物质的分布也近乎均匀。爱因斯坦把它与对地球形状的描述做了个类比：如果忽略地球表面的凹凸不平，我们就可以说地球是球形（或椭球形）的。

爱因斯坦的这一假设后来被称为宇宙学原理。它在数亿光年的距离范围内完美适用。（宇宙背景辐射——宇宙原始时期的遗迹，甚至仅显示出十万分之一级别的微小差异。）

宇宙学原理与测量结果高度契合，这无疑是自然的馈赠，因为它极大地简化了宇宙的描述——由于对称性，爱因斯坦广义相对论的10个耦合[1]的场

---

1 物理学中，两系统是耦合的，表示它们彼此间有相互作用。——编者注

方程得以简化为 2 个。不过，这在当时尚不为人所知。事实上，天文测量结果表明宇宙中物质的分布极其不均匀。许多天文学家甚至认为银河系是很大范围内唯一的星系且它包含星云，而星云在 20 世纪 20 年代才被发现是独立的"宇宙岛"，即另一个星系。

最初，爱因斯坦的理想化假设并未被同行们理解，甚至还被误解为宇宙中的其他物质是均匀分布的。威廉·德西特也反对这种"超自然质量"。但是爱因斯坦并不是这样想的。此外，他把更高维度的球形宇宙空间当作一种抽象的近似。对爱因斯坦而言，最重要的是宇宙是有限的、闭合的，同时也是无边界的。在 1917 年 6 月 22 日给德西特的一封信件中，他几乎预言性地解释自己的观点道：

"我的意思不是说宇宙就一定非常近似于球形。实际上，宇宙也可以在大范围内存在不规则弯曲，就是说，它和球形的宇宙就像马铃薯的表面和球形表面一样。……我们不必假设物质存在不同于星体的形式，但却要假设宇宙要比银河系大得多。"

宇宙常数

但是，仅有宇宙学原理还不够。爱因斯坦还需要一个更进一步的假设，他在自己论文的第四节《关于引力场方程的附加项》中对此进行了说明。他相对论的第一个宇宙模型——
爱因斯坦的有限的、闭合的、球形弯
曲的、静态的宇宙——在时间的发展
中可以用一个圆柱体表示出来。理论
上来说，光和宇宙飞船可以在"内
部"环绕宇宙一周并最终返回起点。
这一宇宙模型在相对论的框架内是
可行的，但却不稳定，即使最微小的
干扰也会使它崩溃或膨胀（例如表现
为投影圆周发生改变）。由于假设宇
宙中的物质均匀分布，所以在这个宇
宙中存在一个普遍适用的"宇宙时"。

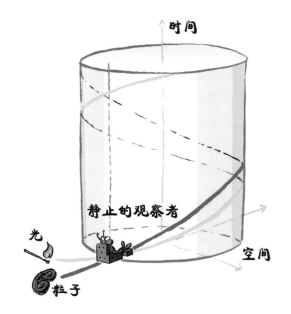

指出，广义相对论的方程可以用一个量进行扩展而不改变其基本性质——这
一见解并非是自然而然的。

　　爱因斯坦用希腊小写字母 λ 来表示这个"新引入的普适常数"[1]。他将
这一常数称为"宇宙学项"，或"宇宙常数"，因为它只有在极其巨大的尺
度范围才有意义且十分明显。

　　从形式上看，λ 具有曲率的量纲，即单位为长度的负二次方。（当前天
文学测量结果表明，宇宙常数的数值小于 10^{-55} 厘米 $^{-2}$）。λ 可能有正、负、0
三种取值。爱因斯坦的理论并没有揭示出这一点，这要依靠天文测量来确定，

1　$R_{\mu\nu} - \dfrac{R}{2} g_{\mu\nu} + g_{\mu\nu} \lambda = \dfrac{8\pi G}{c^4} T_{\mu\nu}$ ——编者注

因为所有自然常数的值都必须基于实验科学的测量。

爱因斯坦强调，λ 一定是宇宙的一个重要参数。物质的平均密度以及球形空间的直径、体积和总质量都应取决于该常数。

爱因斯坦并没有给出过这些数的估值。因为这对他来说太冒险了。不过，他的信件中显示，他也并不是完全没有考虑过这一点。他估计宇宙的平均密度为 10^{-22} 克 / 厘米 ^{3}，宇宙的半径约为 1000 万光年，这是当时可观测到的最遥远恒星距离的上千倍。（这与当前的看法可谓差异显著，现在看来，仅银河系的直径就有 10 万光年，而可用现代巨型望远镜观测到的最遥远的星系，距离我们超过 100 亿光年；宇宙物质的平均密度也远远低于爱因斯坦的预测，是 4.7×10^{-30} 克 / 米 ^{3}）。

对爱因斯坦的挑战

起初，爱因斯坦还对自己的宇宙模型的现实性特别乐观。尽管如此，他一直非常清楚这一模型是基于推测得来的，因此也接受同行们的批评，并与同行们进行详细的讨论。

特别是威廉·德西特，事实证明，他是个极为坚定的批判者，即使有时两个人都病得下不了地：爱因斯坦先是患上黄疸病，后又遭受了胆结石和胃溃疡的折磨，德西特则患了肺结核。尽管如此，在漫天战火的第一次世界大战期间，他们仍旧进行了敏锐的思考和复杂的计算，开创了现代宇宙学。

1975 年，人们在莱顿天文台的档案中发现了爱因斯坦与德西特之间的大量通信。共有二十多张明信片和信件保存了下来。这些文字表明，从 1916 年起，两位科学家就凭借他们极其敏锐的洞察力开始讨论宇宙的问题了——哪怕有时躺在病床上。

爱因斯坦毫不掩饰其宇宙模型纯粹是靠推测得来的。他在 1917 年 3 月给德西特的一封信中写道：

"我现在很满意自己能够将想法从头至尾思考一遍而未遇见什么矛盾。尽管这个问题在过去曾经让我寝食难安，但现在却不再是我的困扰了。我所提出的模型是否符合实际是另外一个问题，而我们很可能永远都得不到答案。"

对此，德西特倒并未发表什么反对意见。"是的，如果您不坚持认为自己的想法一定符合实际，那么我们的看法就是一致的。对于一系列不自相矛盾的想法，我也没什么反对意见，且对此表示钦佩。"他在 3 月 15 日回复爱因斯坦。

他们之间的分歧看上去似乎和平地解决了，然而，这并没有持续多长时间。仅仅五天之后，德西特就在另外一封信件中告诉爱因斯坦，他带有宇宙常数的场方程也能在"无物质"的情况下得到满足。德西特找到了一个可以描述空宇宙的方程解[1]，这直接与马赫原理和爱因斯坦的观点发生了冲突，因为爱因斯坦认为，就不存在没有物质能量的空间。

这之后，两人就德西特的宇宙模型是否存在矛盾及是否有意义讨论了足足一个月。这次，爱因斯坦反过来批判了同行们的观点，也发现了不少问题。

这场争论一直持续到 1918 年夏，不过，始终在友好的氛围中进行着，双方的观点都发表在了学术出版物上。许多其他的研究者也参与了进来，特别是数学家赫尔曼·外尔及费利克斯·克莱因。后者最终证明了爱因斯坦的批判是不正确的：假定的无限性和"问题区域"仅仅是特定坐标系的人为结果，如果选择了不同的几何描述，这两者就都不存在了。最终，爱因斯坦勉强接受了他引入了宇宙常数的场方程存在一个"无物质"的解——即使他仍然不相信现实就是如此。

但是，德西特的宇宙模型并不像爱因斯坦一直以为的那样，只是个宇宙学的怪异之处，而是迄今为止仍然十分有意义的，且相关的学术论文已经有

---

1 这个解为德西特宇宙或德西特空间。——译者注

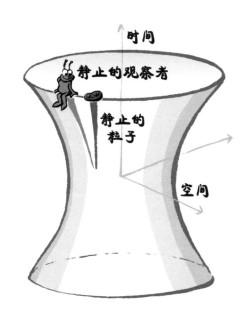

时间

静止的观察者

静止的粒子

空间

德西特描述的无物质宇宙模型具有双曲面的几何形状。它表明时空与物质和能量之间没有必然的联系。这驳斥了爱因斯坦的不存在"空"时空的观点。德西特的宇宙是动态的，也就是说，它先收缩，再膨胀：从长时间尺度看来，两个测试粒子之间的距离将不会是恒定的。

数千篇发表出来了。这是因为，一方面，德西特的宇宙模型是具有恒定曲率的广义相对论的宇宙学最简解；另一方面，令人惊讶的是，它还非常近似地描述了宇宙遥远的未来及高度动态的初始阶段。

错失的机会

爱因斯坦的静态宇宙模型注定不会长久。从一开始，他的同行们就对这个完全独立于天文观测的宇宙模型表示怀疑，他们认为这不可能是对宇宙的准确描述。由此引发的问题是，即便当初似乎是为了稳定而引入了宇宙常数，但这个解是否可以让宇宙保持平衡？事实上，这是不可能实现的——和牛顿的宇宙模型一样。1930 年，英国天体物理学家阿瑟·斯坦利·爱丁顿证实了这一点，他算出，即使是最为轻微的扰动——一声咳嗽或一阵微风，也会影响爱因斯坦的弯曲宇宙，使它失去平衡而崩塌或撑破。德西特的宇宙模型与最初看上去的相反，也被证明是不稳定的。

现如今，每一位宇宙学家都知道：宇宙不是静态的，也不可能是静态的。爱因斯坦和外尔在当时原本是能够得出广义相对论的这个结论的，无奈那个时代思想观念的成见太盛，才导致宇宙是动态的这一伟大预测留给了其他宇宙学家：亚历山大·弗里德曼（1922）、乔治·勒梅特（1925）及霍华德·P. 罗伯逊（1928）。在没有任何天体物理学依据之前，他们就已经通过研究得出了以下结论：我们的宇宙——包括其中的物质、能量和时空——一定是由一个密度极大的状态演变而来，且自此之后一直在不断膨胀。这个初始状态后来被称为"大爆炸"。

德西特也没能得出宇宙膨胀的假设，即使他不仅提出了静态坐标中的模型，后来也提出了动态坐标中的模型，甚至，在 1917 年，他都已经首次提出要测量星系光谱。但当时的数据库尚不完善。直到 1924 年，威尔逊山天文台的天文学家埃德温·哈勃才最终证明了，天空中的星云——例如最著名的仙女座中的星云——不属于银河系，而是独立的星系。1929 年，哈勃意识到星系在不断相互远离，就像在膨胀的宇宙中会出现的那样。实际上，他最先运用了德西特的宇宙模型对此进行解释。

德西特因工作职责所在——他掌管莱顿天文台，并担任了国际天文学联合会主席——直到 20 世纪 30 年代才再次回归宇宙学研究。正因如此，爱丁顿才称他为发现了一个宇宙却又忘记它的人。最迟 1931 年，德西特就和爱因斯坦一样，在哈勃测量数据的影响下，迅速接受了宇宙是非静态的且不断膨胀的。

这段历史最终以两个科学史的节点结束。一个是 1933 年，宇宙学家（同时也是神父）乔治·勒梅特发现，爱因斯坦与德西特并不相容的宇宙模型之间存在一个时间补偿特性，即在宇宙常数 λ 的作用下，宇宙有可能从静止阶段进入膨胀阶段。另一个是 1932 年，爱因斯坦与德西特共同提出了一个最简单的膨胀的宇宙模型，包含了最初的宇宙学假设——无总曲率和宇宙常数

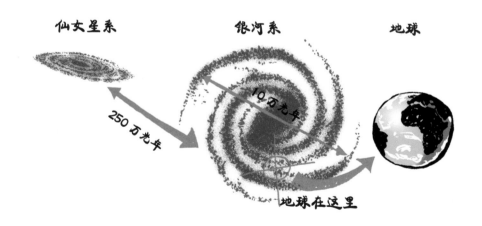

宇宙由数十亿计广泛分布的星系和星系之间的巨大空间组成。
而地球不过是一个普通旋涡星系（银河系）边缘区域的一粒尘埃。

　　宇宙在不断膨胀，星系之间在相互远离，就像充气的气球表面的黑点一样。1932 年，爱因斯坦与德西特共同提出了这种最简单的动态宇宙模型。

λ。该模型在宇宙学中一直都非常流行，直到 1998 年，天文学家测量了遥远的恒星爆炸，发现宇宙已加速膨胀了数十亿年——对此，取正值的微小的宇宙常数才是最合适、最简单的解释。

爱因斯坦犯过的蠢

　　　　　　"如果准静态宇宙不存在，那么宇宙学项也不存在。"

　　1923 年 5 月 23 日，爱因斯坦不无沮丧地在给赫尔曼·外尔的明信片中如此评论自己第一个宇宙模型的失败。因为随着失败，宇宙常数似乎已经完全没有必要存在了。在埃德温·哈勃观测到了几乎周围所有的星系都在远离我们（这表明了宇宙在膨胀）之后，爱因斯坦才最终明白，他应该放弃 λ。1931 年，他在《普鲁士科学院会议报告》中如此写道：

"即使不参照哈勃的观测结果，静态解也已被证明并不稳定。在这种情况下，你就要问自己一个问题，在不引入已不适用的 λ 项的情况下，现实是否可以被满足？"

1931 年，据物理学家乔治·伽莫夫称，爱因斯坦曾说将宇宙常数 λ 引入自己的方程式"也许是一生中最大的蠢事"。

不过，现在看来，爱因斯坦犯了两个错误。一是他过于武断地否定了宇宙常数，其实宇宙常数作为自然常数是引力场方程不可或缺的组成部分，这也是后来被证明了的。二是，引入了宇宙常数后，爱因斯坦本可以据此提出划时代意义的宇宙膨胀的预测，而这却在 12 年之后才被间接地测量出来。

事实上，从 1998 年开始，天文学家们就意识到，宇宙已经加速膨胀大约 60 亿年了。宇宙为何会加速膨胀，我们至今尚不清楚（这甚至被一些物理学家解释为广义相对论在更大的尺度需要进行必要修改的佐证）。而最简单的解释——与迄今为止所有天文观测数据相符——就是爱因斯坦微小的正值宇宙常数！

爱因斯坦的 小测试

1. 爱因斯坦提出了什么宇宙学的新想法?

☐ a. 无限无边界的宇宙

☐ b. 有限无边界的宇宙

☐ c. 有限有边界的宇宙

2. 爱因斯坦为什么要引入宇宙常数?

☐ a. 为了解释宇宙的加速膨胀

☐ b. 为了让宇宙模型保持静止

☐ c. 为了描述银河系的结构

3. 德西特发现了什么宇宙学解?

☐ a. 无物质的、静态的宇宙

☐ b. 有物质的、收缩的宇宙

☐ c. 无物质的、膨胀的宇宙

4. 下列哪一项不是哈勃的发现?

☐ a. 银河系是由恒星构成的

☐ b. 仙女星云是一个独立星系

☐ c. 大部分星系都在彼此远离

5. 下列哪一项是爱因斯坦与德西特共同提出的?

☐ a. 平直的、膨胀的宇宙

☐ b. 弯曲的、静态的宇宙

☐ c. 存在宇宙常数的宇宙

答案：1.b 2.b 3.c 4.a 5.a

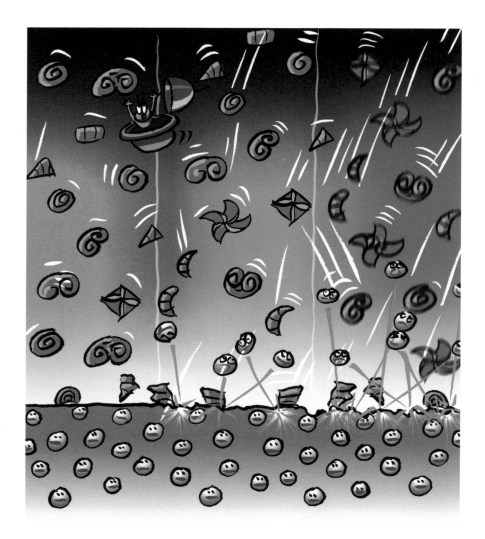

　　高能辐射撞击金属板会使金属板的表面带上负电。爱因斯坦对此的解释是：单个光"粒子"（光子）将电子从金属中撞了出来。这一发现给物理学带来了一场变革，爱因斯坦也因此获得了诺贝尔奖的肯定。

量子世界

"一个受到辐射照射的电子自由选择自己想要跳跃的时刻与方向，这样的想法对我来说是难以忍受的。如果是这样，我宁愿做一个补鞋匠或是赌场的服务员，也不愿意做一个物理学家。"

　　爱因斯坦不仅以相对论彻底改变了人们对时间和空间进而对大尺度的世界及宇宙整体的理解，在微观世界的领域，爱因斯坦也成功获得了根本性的见解。他证明了物质是由极为微小的粒子——原子构成的。他还发现，光是以量子——微小的能量单位的形式存在的，而不是连续体。这些见解使爱因斯坦成为量子理论的奠基人之一。但是，他却并不认为这些古怪的结论就是科学定论。尤其是看似不可避免的或然性[1]和他所说的"鬼魅般的超距作用"，让爱因斯坦意识到一定还存在着更深层次的实在，因此也一定还有一个更基础的理论。直到今日，物理学家们仍在寻找这样一个理论，而爱因斯坦的遗产，即用统一场论或万物理论来描述一切现象，还没有得到承继。

---

1 可简单理解为随机性、概率。——编者注

原子的存在

1905 年，爱因斯坦还是伯尔尼专利局的一个无名的职员，彼时的他不仅用狭义相对论重新修缮了物理学的大厦，还用敏锐的眼光审视着它的基础。不久之后，爱因斯坦就以令世人震惊的成果撼动了物理学大厦的地基。在他发表的论文《分子大小的新测定法》——后被发现是他申请苏黎世大学的博士学位论文——中，他从特别日常的东西，就是普通的糖水的性质中得出了对后世产生了深远影响的结论。论文表明，所测溶液的黏度（或内摩擦力）可以揭示分子的大小和数量。（另外，由于这篇论文在石油化工领域具有相当多的应用，直到 20 世纪 80 年代，它都是爱因斯坦的学术文献中引用次数最多的论文。）

在另外一篇论文中，爱因斯坦谈到了悬浮粒子在液体中的振动。这一现象[1]是植物学家罗伯特·布朗于 1827 年在显微镜下首次观察到的。爱因斯坦发现，通过液体中快速移动的分子的相互碰撞可以解释这种现象。尽管早就有人提出过这种猜想，但爱因斯坦却更进了一步，指出温度是原子或分子无规则运动的量度。他在不可见的分子与悬浮粒子的性质之间建立起了联系，其中悬浮粒子的运动取决于溶剂的温度和黏度，可以在显微镜下进行测量。（1908 年，让·巴蒂斯特·佩兰在巴黎证实了爱因斯坦的预测。）因为这

---

1 这种现象名为"布朗运动"。——译者注

液体中悬浮粒子的振动证明了原子和分子的
存在。

篇论文，爱因斯坦——与物理学家马里安·斯莫卢霍夫
斯基一起——成为统计力学的开创者之一。

　　这篇论文的特殊之处在于：当时，原子及由原子构成的分子的存在，尚
存在很大争议，比如威廉·奥斯特瓦尔德与恩斯特·马赫等有名望的物理学
家就反对这种观点。爱因斯坦的研究使得用实验验证物质是连续体这一观点
与原子假说谁是谁非成为可能。自此之后，原子和分子的存在得到了肯定，
进而从根本上完美地证实了古代哲学家留基伯和德谟克里特 2500 年前的猜
想，以及后来的约翰·道尔顿和路德维希·玻尔兹曼的观点。

量子登上历史舞台

　　能被分割成一份一份的不仅有物质，还有辐射和能量。同样是在 1905
年，爱因斯坦提出了这一更为激进的观点——也因此，在之后的 10 多年里
他一直独自奋战。一开始，爱因斯坦受到的是怀疑，甚至是嘲笑。但正是他
的大胆设想，使他与马克斯·普朗克及尼尔斯·玻尔一道，成为量子物理学
的奠基人。

　　在他的标题古怪的论文《关于光的产生和转化的一个试探性的观点》

中，爱因斯坦提出了一个对光电效应的解释。这一效应因诺贝尔物理学奖获得者菲利普·勒纳德（后在德国民族主义时期变成了对爱因斯坦激烈的批判者）的实验，而为众人所知：如果辐射以足够高的频率撞击金属，金属的表面就会带上负电。而是否出现光电效应现象，起决定性作用的不是辐射强度，而是辐射频率。

爱因斯坦对这种现象的解释如下：辐射由一个个"粒子"组成，这些粒子能将金属原子中的单个电子击出。1926 年，化学家吉尔伯特·牛顿·路易斯将这些辐射量子或能量子（"量子"一词来源于拉丁语"quantum"，意思是多少）命名为光子（来自希腊语"phos"，意思是光）。根据爱因斯坦的观点，光——以及从无线电波到红外线、紫外线、X 射线再到 γ 射线的所有类型的电磁辐射——也应该像物质一样可以被分割成一份一份的。这种粒子模型与光的波动假说形成了鲜明对比，而后者有衍射、折射与干涉等早已为人熟知的现象支撑。

爱因斯坦这篇 1905 年的论文批判了已被普遍接受的詹姆斯·克拉克·麦克斯韦电磁场理论的假设，即电磁辐射的能量在空间中是连续分布的。爱因斯坦认为，有实验证据表明这种能量是由许多无法进一步分割的量子集合而成的。这无疑是对经典物理学的突破，同时也推翻了"自然界无跳跃"这曾被视为基础的哲学命题。

绝望的举动

实验量子物理学其实很简单。举个例子，你只需要打开电热炉，它就开始变暖、变热，最后发烫，甚至开始发出红光。人类早在一百万年前就已经学会用火加热东西了，但直到 1900 年 12 月 14 日，才能用物理学正确解释这一过程——在柏林的讲演中，马克斯·普朗克介绍了"被幸运猜中的内插公式"[1]。这一天标志着量子物理学的诞生，但当时所有在场的科学家，包括普朗克自己，都没意识到他的新辐射定律的重要性和影响，而这正是爱因斯坦解释光电效应的前提。

普朗克的理论性突破巧妙地调和了威廉·维恩和约翰·威廉·斯特列特（瑞利男爵）分别提出的公式[2]，这本身就已经是一项巨大的成就了，但其更加杰出的贡献却在于：普朗克的辐射定律包含一个新的"辅助常量"，后被称为普朗克常量 h[3]。它是量子理论的核心，单位是焦·秒，即能量乘时间；h 的值非常小（6.626×10^{-34} 焦·秒），这就解释了为什么我们在日常生活中通常不会注意到量子效应。

起初，没人能理解所有这些，而普朗克的辐射定律与经典物理学也不相

---

1 指黑体辐射公式。——编者注
2 威廉·维恩提出的公式叫维恩公式，约翰·威廉·斯特列特和金斯提出的公式叫瑞利 - 金斯公式，这两个公式都旨在探索黑体辐射的规律，但和黑体辐射实验结果相比，瑞利 - 金斯公式只在低频范围内适用，维恩公式只在高频范围内适用。其实普朗克黑体辐射定律的公式是为改进维恩公式，而瑞利 - 金斯公式则是 1905 年完成的，这里的说法不考虑时间上的先后问题。——编译者注
3 又称为普朗克作用量子。——编者注

容——几年之后，爱因斯坦和埃伦费斯特首次指出了这一点。爱因斯坦还让普朗克常量重新登场，使之第一次在物理学的舞台上大放异彩。他用普朗克常量来解释光电效应，并由此将普朗克常量的应用范围从辐射扩展到了辐射与物质的相互作用上。爱因斯坦发现，能量 E 是普朗克常量 h 和辐射频率 f 的乘积，即 $E = h \times f$[1]。这是根据普朗克的公式最终推导出来的。

就像钱有最小的单位，比如分，能量的存在也不是连续的，而是一份一份的。它由微粒——光子组成，且只能以单个量子的形式发射或吸收。光电效应只能这样解释。（与之类似的"内光电效应"在半导体中发挥着巨大作用，并广泛应用于电视遥控器等设备中。）

但是，本应该对爱因斯坦的假说最感到高兴的普朗克却并不乐观。"在我看来，对于爱因斯坦的新的光量子假说，我们应该保持谨慎态度。"他评价道，"光学理论会倒退的不是几十年，而是几个世纪。"就连他自己提出的辐射定律，普朗克都不是十分确信——在 1931 年一封信件的回顾中，他甚至将"整个事情"描述为"一

---

1 另一种常见的形式是 $E = h\nu$。——编者注

个绝望的举动"。

1915 年，安德鲁·密立根在芝加哥用实验证实了爱因斯坦对光电效应的预测，尽管他刚开始认为这是"完全无法接受的"，之后却因这项实验荣获了 1923 年的诺贝尔奖。由此可见，普朗克的怀疑是错误的。1919 年，普朗克因辐射定律[1]被授予了 1918 年的诺贝尔物理学奖。爱因斯坦 1905 年的论文也对此做出了重大贡献。然而，他同普朗克一样，也遭遇了命运的"捉弄"：1921 年，爱因斯坦获得了诺贝尔物理学奖，但获奖的缘由却不是天才的相对论，而是他对光电效应的解释。

神秘的波粒二象性

爱因斯坦清楚地知道，他对能量子的观点"与已为实验证实的波动理论的结果不符"，1911 年他就这样说过。光的波动性——衍射、折射、干涉——是不可否认的事实。因此，爱因斯坦于 1909 年提出了一个大胆的想法：

"我认为，理论物理学发展的下一阶段将给我们带来一种光学理论，它可以被理解为光的波动理论与辐射理论的一种融合。"

---

1 诺贝尔物理学奖的颁奖词说的是"他对能量子的发现"。——编者注

1927 年，尼尔斯·玻尔创造性地提出了互补原理，目的是为了解释实验里波动性和粒子性的"非此即彼"中反而隐含着"相互统一"的关系这种特殊的情况 [1]。人们将光的这种性质称为波粒二象性。1922 年，阿瑟·康普顿测量到了物质对辐射（光子）的散射，准确地说是电子对 X 射线的散射，证实了光的波粒二象性，并因此获得了 1927 年的诺贝尔奖。

互补原理不仅适用于光，还适用于物质！爱因斯坦本可以想到这一点，但现实却是路易·德布罗意于 1923 年 9 月首次发表了这个观点，之后又写了一篇相关的博士论文。这篇博士论文于 1924 年 11 月被接收，但他的导师保罗·朗之万对他的理论很怀疑，便把它寄给了爱因斯坦。爱因斯坦见到这篇论文后激动万分，并很快帮助德布罗意的理论实现了突破。他们的结论令人大跌眼镜：不仅仅是光有波长，物质也有！[2] 同年，爱因斯坦在一封给亨德里克·洛伦兹的信件中热情洋溢地写道：

"我相信，这是照亮物理学最难解之谜的第一道微弱曙光。"

德布罗意的观点用中学里学过的简单的数学就能理解。因为动量 p，质

---

1 以光为例，光具有波粒二象性，而波动性与粒子性却不会在同一次测量中出现。因此，二者是互斥的，也不会在实验中直接冲突。另一方面，二者在描述现象时又是缺一不可的，是"互补的"。这也就是说，波动性和粒子性在同一时刻是互斥的，但它们在更高层次上却是统一的。——译者注
2 这就是"物质波"。物质也具有波粒二象性。——译者注

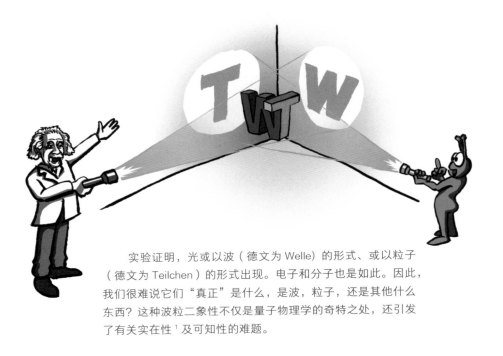

实验证明，光或以波（德文为 Welle）的形式、或以粒子（德文为 Teilchen）的形式出现。电子和分子也是如此。因此，我们很难说它们"真正"是什么，是波，粒子，还是其他什么东西？这种波粒二象性不仅是量子物理学的奇特之处，还引发了有关实在性[1]及可知性的难题。

量 m，能量 E，波长 λ，频率 f 之间的关系为（h 为普朗克常量，c 为光速）：$E = hf = mc^2$，$\lambda = c/f$，$p = mv$（光子的速度 v 等于 c），由此直接得出德布罗意方程 $\lambda = h/p$。对诸如猫和胡萝卜等宏观物体来说，λ 的值非常小，因为 p 值很大。但对于单个粒子，它的波动性就不应当忽略了。事实上，自 1927 年以来，就有实验证明电子（甚至是大分子）的确具有波动性！我们甚至可以观察到它的干涉现象。德布罗意也因此获得了 1929 年诺贝尔物理学奖。

---

1 其存在独立于人的意识，能为人的意识所反映，不被人的观察所影响。——编者注

自此，爱因斯坦不仅是量子物理学之父之一，还成了波动力学唯一的"教父"。之后，波动力学由埃尔温·薛定谔1926年提出的著名的量子物理学标准形式——薛定谔方程，得到了进一步发展。

事实上，薛定谔波动方程可以帮助我们更好地理解原子结构（见下图）。1911年，欧内斯特·卢瑟福提出原子结构包括原子核与电子层，且电子应当像行星围绕太阳一样，围绕着原子核旋转。但令人困惑的是，为什么电子不会立刻跌向原子核？——毕竟带电粒子在加速运动时会释放辐射，从而失去能量。1913年，来自丹麦哥本哈根的尼尔斯·玻尔在英国曼彻斯特的卢瑟福处做研究，他发现测得的原子光谱和电子轨道的稳定性可以借助普朗克常量来解释，玻尔指出，电子只在特定（量子化）轨道上运动，并通过吸收或释放能量，在不同轨道之间跃迁——这就是著名的量子跃迁，与公司经理画的升迁大饼完全相反，它是能实现的最小的迁移。

爱因斯坦钦佩玻尔的开创性研究，将其视为"思想领域中最高的音乐神韵"，并继续独自研究。1906年11月，他完成了第一篇固体量子理论的论文。几

波动力学可以用来解释原子核周围的电子轨道：电子只能以闭合驻波的形式存在于轨道上；否则，其他的波长将会使它们由于干涉而消失。这也就是说，连续的东西（波）可以产生离散的东西（轨道）。

年后，他的计算得到了实验验证。1916年，爱因斯坦写了一篇讨论辐射发射的量子效应的论文，为激光理论打下了基础。而"激光"一词（激光的名称LASER，意思是受激辐射光放大）直到20世纪50年代才出现，当时发射激光的技术也已实现。1924年，爱因斯坦发展了一种新的统计方法来描述诸如光子等特定粒子。这一方法来自一位年轻印度科学家萨蒂延德拉·纳特·玻色，玻色将自己的论文寄给了爱因斯坦，并得到了他的推荐。论文的结论令人惊叹："从某个特定的温度起，分子会'凝聚'在一起，但却不需要引力，也就是说，它们在速度为零的情况下聚集在了一起。"这就是爱因斯坦在给他的朋友保罗·埃伦费斯特的信件中所说，同时他还写道："这个理论挺不错的，但它是否有什么真实性吗？"现如今，我们可以肯定地回答这个问题：1995年，物理学家们首次成功地获得了这种其中的粒子失去了独立性的超冷物质。这种奇异的状态今天被称为玻色–爱因斯坦凝聚，而所有遵循玻色–爱因斯坦统计的粒子被称为玻色子。

爱因斯坦不仅是量子物理学的开创者和先驱，他还用很多更为细致的想法极大地丰富了量子物理学，这些想法直至今日仍旧意义非凡，且使越来越多的实际应用成为现实。另一方面，尽管他一开始在量子研究领域远远超前于时代，但自1925年开始，随着量子理论的深入发展，爱因斯坦却越来越质疑它。他并没有站在量子理论的对立面，而是置身事外，几乎是站到了一边——这也正是后世所诟病的一点。这种态度导致他无法再进一步理解一些特别是量子场论和量子电动力学方面的进展。但是，爱因斯坦始终都没有放弃对量子理论基础的思考，甚至比对相对论更加频繁和投入，直到他生命的尽头。

上帝掷骰子吗？

1925 年和 1926 年标志着量子理论进入了一个新阶段。维尔纳·海森伯和他的同事们提出了基于粒子理论的矩阵力学，而埃尔温·薛定谔则建立了波动力学。这两种相竞争的方法很快就被证明在数学上是等价的。并且，它们都出色地通过了所有的实验检验——直至今日。此外，海森伯还在 1927 年提出了著名的不确定关系[1]，指出自然的基础不仅是量子化的，还奇怪地是不确定的：普朗克常量限制了位置和动量、时间和能量之类的物理量的测量——或者说是同时测量——能有多精确。当一个值越精确，另一个值就越不确定。这不仅仅是摇摆不定的或然性之源，它也是隐藏在放射现象等的背后的规律。

正如爱因斯坦所言，他始终以"极大的热情"关注着这些发现，并时常在信件、学术研讨会和访学中与同行们讨论。其中最具有传奇性的，就是 1927 年和 1930 年在布鲁塞尔举办的索尔维会议[2]上他与玻尔之间的论战。

---

1 有时也称为"不确定原理"，旧称"海森伯测不准原理"等。——译者注
2 索尔维会议是 20 世纪初比利时实业家埃内斯特·索尔维创立的物理、化学国际会议。——译者注

爱因斯坦一次又一次提出反对意见和思想实验，之后玻尔很快就会推翻它们。尽管如此，爱因斯坦始终对玻尔抱着非常钦佩的态度，一生都与玻尔保持着深厚的友谊。

起初，量子物理学中似乎不可避免的或然性总是给爱因斯坦造成困扰。1926 年 12 月 4 日，爱因斯坦写信给因薛定谔方程的统计解释而闻名的马克斯·玻恩，信中如此写道：

"这个理论给了我们许多，但却几乎没能帮助我们更接近老家伙[1]的奥秘。无论如何，我确信，上帝不掷骰子。"

后来，爱因斯坦屡次发表这样的评论，表达他对新量子理论中的或然性以及纯统计学描述的不满。这通常被总结为"上帝不掷骰子！"，还引发了诸多误解。当然，爱因斯坦这句话并不是在说什么神学教义，他口中的"上帝"隐喻的是自然定律。爱因斯坦坚持认为，一定存在一个独立于人但却可以为人所理解的世界，但他既不相信无形的灵魂与抽象的意志自由，也不相信来世和人格化上帝。那些试图从宗教角度对爱因斯坦进行解读的尝试都是徒劳的、毫无根据的。他一直以来对宗教的反对态度都是坚定而明确的。对他来说，任何宗教都是"最幼稚迷信的化身"。1954 年，爱因斯坦曾经对

---

1 爱因斯坦这里所说的"老家伙"就指的是上帝。——译者注

一位哲学家说过这样的话：

"对我而言，上帝这个词不过是人性软弱的表现和产物。《圣经》则是一部汇集了许多荣耀但却原始愚昧、幼稚可笑的传说的文集。"

鬼魅般的超距作用

最迟到 1931 年，爱因斯坦就接受了量子物理学的不确定关系和一致性。在 9 月份致瑞典斯德哥尔摩诺贝尔委员会的一封信中，他甚至提议将诺贝尔奖颁发给海森伯和薛定谔，爱因斯坦给出的理由是："我坚信这个理论必然包含了一部分终极真理。"但除此之外，爱因斯坦仍然面对着量子理论是否完备的问题，即一个更基础的理论是不是必不可少的。而量子物理学的哥本哈根解释——主要由玻尔和海森伯创立——的代表们却强烈反对比如"隐变量"这样的必要补充。

1935 年，已移居美国普林斯顿的爱因斯坦发起了新一轮反击。他与鲍里斯·波多尔斯基和内森·罗森共同发表了一篇论文[1]，在论文中他明确表示，

---

1 论文题目是《能认为量子力学对物理实在的描述是完备的吗？》。——译者注

如果量子理论服从于局域性[1]条件，那么它一定是不完备的。这个被爱因斯坦称为"局域性原理"的假定在相对论中是可以被满足的。但是，量子理论却允许非局域性量子纠缠[2]的存在。早在1927年，爱因斯坦就已经意识到了这一点，但却没能将自己的观点传达给反对者。后来，爱因斯坦谈及"鬼魅般的超距作用"和"心灵感应"，认为非局域性非常怪异：对一个位置量子系统的测量不应毫无时间延迟地对另一个位置的测量结果产生影响。爱因斯坦认为系统的局域可分离性是毋庸置疑的（即使有时对实在性原则来说是错误的）。

玻尔受到了打击，花了很长时间研究如何回击。他既没有给出答案，也没有听取爱因斯坦的意见，量子物理学家约翰·贝尔后来如此评论，他说道："在这件事上，爱因斯坦的智识远远超过了玻尔，能看清什么是必要的人与蒙昧主义者之间存在着巨大的鸿沟。"

但是，爱因斯坦和玻尔之间的争论在当时尚无法解决。直到1964年，贝尔才以不等式在数学上证明了隐变量的存在与量子理论的局域性不相容。贝尔不等式也让实验验证成为可能。这已清楚地表明，爱因斯坦在1935年及之后的论点是完全正确的——但结果却是爱因斯坦一定不会想看到的：非局

---

1 就是说，同一个系统中的两个粒子是相互独立的，不会相互影响，除非它们之间传递了某种信号。——编者注
2 量子纠缠是一种量子力学现象，指的是两个互相纠缠的粒子无论相隔多远，一个粒子的变化都可以瞬间影响另一个粒子的状态。两个粒子的状态是不确定的，均取决于对方，无法单独描述，只能视作一个整体来描述。——编者注

分束器

光源

　　量子理论有一个虽然奇怪但却得到了实验证实的结论，即测量一个粒子的量子态会影响另一个与之纠缠的、任意距离的粒子的量子态，且没有时间损失。然而，信息传递的速度不可能比光速还快。

域性的确存在！确实，以实际测量出的"鬼魅般的超距作用"超光速传递信息是不可能的。从这方面讲，它并没有推翻狭义相对论。但它的确与局域的因果关系不相符，这直到今日仍旧是有争议的问题。同时，对于量子理论，目前已经出现了许多除了哥本哈根解释之外的解释，包括路易·德布罗意、戴维·玻姆和约翰·贝尔的完全随机、实在的变量，甚至还包含隐变量……但是，与爱因斯坦的观点相反，它们也是完全非局域的。

寻找万物理论

　　爱因斯坦一如既往地坚持己见。他不接受海森伯、玻尔和哥本哈根解释所说的客观实在取决于观测者或观测结果，这就好似没人观测月亮的话月亮就不存在一样。爱因斯坦并不想要一种只描述人类能知道什么，而不是描述宇宙本身的理论。爱因斯坦也不喜欢直到今天仍流行在物理学家中的绝对的实用主义，因为它会忽视哲学解释的问题。哥本哈根解释足以满足所有实际应用。但是这样，我们就会止于"闭上嘴埋头算"——这是量子物理学家戴维·梅尔曼的一句话，而同为量子物理学家的卢西恩·哈迪和罗伯特·斯佩肯斯却以爱因斯坦的想法用"闭上嘴思考"反驳了这种说法。

"量子理论最初的巨大成功不能令我相信'上帝掷骰子'是最基础的，即使我知道年轻的同行们会把这解读为思维僵化的结果。"

"有一个尽管能够做出预测，但却不能被清楚地理解的机制，我对此是不满意的。"

这两段话是爱因斯坦分别于 1944 年和 1953 年底对玻恩说的，它们清楚地表明了爱因斯坦直到最后依然秉持的态度。1949 年，爱因斯坦还在强调他的观点，从今天的角度看，他的观点还是很正确的："在量子统计理论的框架内不存在对单个系统的完备描述。"——这个完备的描述仅存在于整个系统中。就这方面而言，量子理论并不完备，而仅是有效的。因此，照爱因斯坦的期望，量子理论最终一定能够在一个更基本的理论中得到解释，或可以从这个更基本的理论中按照逻辑推导出来。

自 20 世纪 20 年代开始，爱因斯坦就一直致力于研究这种统一场论——直到他生命的尽头。然而，却徒劳无功。寻找"万物理论"的研究仍在进行，但迄今为止，所有提议都是推测性且不够充分的。爱因斯坦留给人们的这一宝贵遗产仍旧是个未解之谜。1947 年，爱因斯坦在给玻恩的一封信中抱怨道，"计算的困难太大了，在找到一个自己信服的说法之前，我可能都已经入土了"。但是，爱因斯坦还是坚信："最终会有人提出这样一个理论，它被合乎逻辑地联系起来的东西不再是概率，而是构想出来的事实。"

爱因斯坦终其一生都在不停地思考，积极地参与社会活动，并投身于自己的研究。甚至在去世之前，他还把笔记和计算放在床边。爱因斯坦的继女玛戈特与他住在普林斯顿的同一家医院中，她见了爱因斯坦两次。"起初我都没有认出他——病痛和失血把他折磨得面目全非，但他还是那个他。"玛戈特在一封信中写道，"他非常平静地谈论着医生，甚至还带着一点儿小幽默。他等待自己生命的结束，如同等待一件自然而然要发生的事情。他如此无畏，和在生活中一样——面对死亡，他是多么地宁静谦卑。他离开了这个世界，没有感伤和遗憾。"

爱因斯坦的 小测试

1. 爱因斯坦从下列哪一现象中推断出了原子的存在？

☐ a. 光电效应

☐ b. 布朗运动

☐ c. 玻色 – 爱因斯坦凝聚

2. 爱因斯坦是如何解释光电效应的？

☐ a. 借助光量子

☐ b. 通过布朗运动

☐ c. 通过质量和能量等效原理

3. 爱因斯坦因哪项研究获得了 1921 年的诺贝尔化学奖？

☐ a. 相对论

☐ b. 对光电效应的解释

☐ c. 未获此项诺贝尔奖

4. 哪几位科学家创立了波粒二象性理论？

☐ a. 普朗克，爱因斯坦，玻色

☐ b. 爱因斯坦，德布罗意，玻尔

☐ c. 薛定谔，爱因斯坦，玻恩

5. 下列哪一项是爱因斯坦所坚持的观点？

☐ a. 准确的决定论

☐ b. 因果关系具有局域性

☐ c. 观测者的特殊作用

答案：1.b 2.a 3.c 4.b 5.b

阿尔伯特·爱因斯坦大事年表

年份	事件

1879 › 3 月 14 日：上午 11 点 30 分，爱因斯坦出生于德国符腾堡王国乌尔姆市班霍夫大街 135 号。他是保莉妮·爱因斯坦（1858 年 2 月 8 日—1920 年 2 月 20 日）与赫尔曼·爱因斯坦（1847 年 8 月 30 日—1902 年 10 月 10 日）的第一个孩子。爱因斯坦的父母都是世代生活在施瓦本地区的犹太人，他们没有严格的宗教信仰。1876 年，爱因斯坦的父母在坎施塔特结婚成家。

1880 › 6 月 21 日：爱因斯坦举家搬到慕尼黑的阿德尔兹赖特大街 12 号。在这里，爱因斯坦的父亲和叔叔共同创办了一个小型煤气和自来水安装公司，并于 1885 年建立了一个电器工厂。

1881 › 11 月 18 日：爱因斯坦的妹妹玛丽亚（"玛雅"）出生于慕尼黑。（自 1939 年始，玛雅就一直与爱因斯坦同住在普林斯顿。1951 年 6 月 25 日，她在普林斯顿逝世。）

1884 › 爱因斯坦开始学习小提琴，这成了他终身的爱好。

1888 › 爱因斯坦进入卢伊特波尔德文法中学学习。1894 年，爱因斯坦没参加毕业考试就退了学，因为他无法应付该中学严苛的校纪，尽管他是一个好学生。

1894 › 爱因斯坦的父母搬到了米兰，爱因斯坦随后也去了意大利。

1895 › 全家居住在帕维亚，爱因斯坦在公司里帮工，去大学里旁听课程，撰写了自己的第一篇学术论文（未发表）：《对磁场中以太状态的考察》。

› 由于法语知识不足，爱因斯坦未能通过苏黎世联邦工学院（今天的 ETH）的入学考试（因缺少高中毕业考试成绩，所以要参加入学考试）。

› 10 月 28 日：爱因斯坦到阿劳市的州立学校就读。

1896 › 1 月 28 日：爱因斯坦放弃了符腾堡王国公民身份，也因此不再是德意志帝国公民，成为无国籍人士，且不属于任何宗教团体。

› 秋天：在阿劳参加瑞士的高中毕业考试（其中有五个科目取得了最高分）。

› 10 月 29 日：来到苏黎世。

› 同马塞尔·格罗斯曼和米列娃·玛里奇一起，就读于苏黎世联邦工学院。

1900 › 获得了数学和物理学专业教师的学位文凭。

› 申请苏黎世联邦工学院助教职位失败。之后的一年多，在温特图尔、沙夫豪森及伯尔尼做教师和家教。

1901 › 2 月 21 日：加入瑞士国籍，之后终身保留瑞士国籍。

› 首次在《物理学年鉴》上发表学术论文。此后，他陆续发表了 350 多篇学术论文和 150 多篇其他文章。

1902 › 1 月：爱因斯坦与米列娃（1875 年 12 月 19 日—1948 年 8 月 4 日）的女儿莉泽尔在诺维萨德出生，爱因斯坦从未见过她。这个女孩的命运不详（有可能被收养了，也有可能于 1903 年感染猩红热夭折了）。

› 2 月 21 日：爱因斯坦迁居伯尔尼。

› 6 月 16 日：被任命为瑞士专利局（伯尔尼）三级技术专家，于 1904 年转正。

› 与哲学系学生莫里斯·索洛文和数学系学生康拉德·哈比希特组成了"奥林匹亚科学院"（一直到 1905 年）。

1903 › 1 月 6 日：违背家人的意愿，在伯尔尼与米列娃结婚。

› 10 月—1905 年 5 月：居住在伯尔尼老城的克拉姆街 49 号（今天的爱因斯坦博物馆）。

1904 › 5 月 14 日：儿子汉斯·阿尔伯特出生（1973 年 7 月 26 日去世）。

1905 › 爱因斯坦"奇迹年"，发表了数篇划时代的论文。

› 3 月 17 日：《关于光的产生和转化的一个试探性的观点》——推断出辐射量子

（光子）的存在。

› 4 月 30 日：完成论文《分子大小的新测定法》，爱因斯坦于 7 月 20 日向阿尔弗雷德·克莱纳及海因里希·布克哈特教授提交苏黎世大学博士学位申请，并附上了该论文。

› 5 月 11 日：《热的分子运动论所要求的静液体中悬浮粒子的运动》——与之前的论文一同证明了原子和分子的存在。

› 6 月 30 日：《论动体的电动力学》——与后续论文一同构建了狭义相对论。

› 9 月 27 日：补遗论文《物体的惯性同它所含能量有关吗？》——推导出了方程 $E = mc^2$（爱因斯坦之后又发现的一个推论）。

› 12 月 19 日：《关于布朗运动的理论》。

1906 › 1 月 15 日：正式获得博士学位。

› 4 月 1 日：晋升为二级技术专家，年薪从 3500 瑞士法郎涨到了 4500 瑞士法郎。

1907 › 《普朗克的辐射理论和比热理论》发表——将晶格中的原子描述为独立的振子，并建立了固体量子理论。

› 提出惯性质量和引力质量等效原理，推断出引力的光线偏折和红移现象。

1908 › 2 月 28 日：大学授课资格论文《遵循黑体能量分布定律的辐射构成的一些结论》通过，获得了伯尔尼大学编外讲师[1]的职位。

› 雅各布·约翰·劳布是爱因斯坦的第一位科研助理，两人有两篇合作论文发表；后来的助理（主要负责数学运算）有路德维希·霍普夫（在苏黎世和布拉格），埃米尔·诺赫尔（布拉格），奥托·斯特恩（布拉格、苏黎世），雅各布·格罗梅、科尔内留斯·兰措什、赫尔曼·明茨（柏林），瓦尔特·迈尔（柏林、普林斯顿），内森·罗森、利奥波德·英费尔德、巴内什·霍夫曼、彼得·伯格曼、

---

1 编外讲师（Privatdozent）即大学的外聘教师，可以开课，收入来自听课人的缴费。——译者注

瓦伦丁·巴格曼、恩斯特·施特劳斯、约翰·凯梅尼、罗伯特·克莱奇南和布鲁莉娅·考夫曼（普林斯顿）。

1909 › 7月8日：获得日内瓦大学名誉博士学位，此后又陆续获得了十多个大学的名誉博士学位。

› 10月：在萨尔茨堡第一次参加学术研讨会。

› 10月15日：任苏黎世大学理论物理学副教授，年薪4500瑞士法郎。

1910 › 7月28日：儿子爱德华（"特德"）出生（1965年10月25日在布格霍尔茨里精神病医院去世）。

› 10月：完成关于重要的乳光现象和天空为什么是蓝色的论文。

1911 › 3月：迁居布拉格，4月1日起担任布拉格查理－斐迪南德语大学理论物理学正教授。

› 获得奥地利国籍。

› 发表第一批关于广义相对论（带预测）及反对其他替代理论的论文。

1912 › 8月：返回瑞士苏黎世，任苏黎世联邦理工学院正教授；开始与格罗斯曼合作。

1913 › 与格罗斯曼共同完成《广义相对论和引力理论纲要》。

› 与米凯莱·贝索（1896年左右相交，爱因斯坦一生的朋友）尝试计算水星轨道失败。

1914 › 4月6日：迁居柏林达勒姆区埃伦堡街33号。

› 任普鲁士科学院院士，柏林大学教授（无须授课）。

› 与米列娃分居，米列娃带着儿子们返回苏黎世，爱因斯坦则搬入维特尔斯巴赫街13号的一间小公寓内。

› 7月2日：在普鲁士科学院做就职演讲。

1915 › 与柏林帝国物理技术研究所的万德尔·约翰内斯·德哈斯一起进行旋磁实验，证实了爱因斯坦的预测，即磁化来源于电子的角动量（爱因斯坦 - 德哈斯效应）。

› 从 6 月 28 日起：应大卫·希尔伯特邀请，赴哥廷根做了几次关于相对论的讲演。

› 联名签署《致欧洲人宣言》，反对民族主义（此后参与了更多类似的活动）。

› 11 月 4 日—25 日：连续发表了 4 篇论文，完成了广义相对论，并成功计算出了水星轨道近日点进动值。

1916 › 《广义相对论的基础》登上《物理学年鉴》，后又出版成书。在未来的数年中，还会有更多的理论著作。

› 5 月 5 日：任德国物理学会主席（到 1918 年）。

› 论文《关于辐射的量子理论》——激光的理论基础；光子动量。

› 预测引力波（有两个偏振态）。

› 科普书《狭义与广义相对论浅说》问世，很快就多次再版，最后一次增补版是 1955 年。

1917 › 2 月：第一篇关于宇宙学的论文，引入宇宙常数。

› 10 月 1 日：担任威廉皇帝物理研究所所长（至 1933 年）；从 1923 年到 1933 年是威廉皇帝学会理事会成员。

1918 › 发表第二篇关于引力波的论文（四极矩公式）。

1919 › 2 月 14 日：与米列娃离婚。

› 5 月 29 日：日全食证实了爱因斯坦对光线偏折的预测（观测结果 11 月 6 日公布），爱因斯坦也由此闻名世界。

› 6 月 2 日：与表姐（也是堂姐）爱尔莎·勒温塔尔（1876 年—1936 年）结婚；迁居哈伯兰街 5 号。

› 与库尔特·布卢门菲尔德讨论犹太复国主义。

1920 › 在柏林首次与尼尔斯·玻尔见面（最后一次是 1954 年在普林斯顿）。

› 赴丹麦和挪威讲演。

› 反犹太和伪科学势力开始攻击爱因斯坦。

› 10 月 27 日：在莱顿做客座教授就职演讲（在此之前他已经来过这里好多次了）。

1921 › 4 月 2 日—5 月 30 日：为了给耶路撒冷的希伯来大学筹款，同哈伊姆·魏茨曼一道，第一次前往美国，他去了纽约、华盛顿、芝加哥、波士顿、普林斯顿，做了许多场讲演，获得数个名誉博士学位，回程时在伦敦短暂停留。

› 出版图书《相对论的意义》（普林斯顿大学出版社；德文版 1922 年出版），于 1945 年、1950 年、1955 年三次增补。

1922 › 尝试解释金属的超导性（错误）。

› 成为国际联盟学术合作委员会成员（至 1932 年）。

› 10 月 8 日—1923 年 3 月 15 日：爱因斯坦从马赛出发，经科伦坡、新加坡、香港、上海，到达日本，后又访问了巴勒斯坦和西班牙。

› 11 月 9 日："因他对理论物理学的贡献，特别是发现了光电效应定律"，获得了 1921 年诺贝尔物理学奖。

1923 › 发展统一场论的第一批论文发表（此后，至 1955 年，共有 40 篇相关研究论文发表，如扩展几何或第五维度，这些研究都被证明是不充分的）。

1924 › 爱因斯坦翻译并推荐了萨蒂延德拉·纳特·玻色的一篇文章，并发展了今天称为玻色 – 爱因斯坦统计的方法，用于不可再分的粒子，例如光子；提出玻色 – 爱因斯坦凝聚的假设（1995 年首次获得这种超冷物质的量子态）。

› 6 月 7 日：接受德国国籍。

› 12 月 6 日："爱因斯坦塔"在波茨坦正式投入使用，该塔在埃尔温·弗罗因德里希的提议下自 1920 年开始兴建，1922 年落成（建筑师：埃里希·门德尔松），目的是证明太阳表面的引力红移。

› 受路易·德布罗意博士论文的启发，爱因斯坦论证了物质的波动性。

1925 › 3月5日—5月31日：南美之行，访问了布宜诺斯艾利斯、里约热内卢、蒙得维的亚。

1926 › 与他曾经的学生莱奥·西拉德一起发明了一种没有活动部件的冰箱（1930年获美国专利）。

1927 › 在布鲁塞尔第五届索尔维会议上，与玻尔就量子力学的基础问题开始论战。自此之后，直到他去世，爱因斯坦一直都是量子物理学所谓的完备性和或然性最严厉的批评者之一（也与马克斯·玻恩和沃尔夫冈·泡利进行过多次讨论）。

1928 › 4月13日：海伦·杜卡斯成为爱因斯坦的秘书，直至爱因斯坦去世（之后她和奥托·纳坦一起管理爱因斯坦的遗产）。

1929 › 在波茨坦附近卡普特的瓦尔德街7号修建避暑小屋（建筑师：康拉德·瓦克斯曼）。直到1932年，这个湖边小木屋一直是他夏季乘坐"海豚"号帆船旅行的起点。

1930 › 7月10日：孙子伯恩哈德·凯撒出生（"哈迪"，2008年9月30日去世）。1939年，另外两个孙子，6岁的克劳斯·马丁和1个月大的大卫，不幸夭折。

› 12月11日—1931年3月4日：前往美国，大部分时间在帕萨迪纳的加州理工学院。

1931 › 进行宇宙学研究，最开始构建了一个不涉及大爆炸的膨胀的宇宙模型（第一个稳态模型，未发表）。

› 4月：论文《广义相对论的宇宙学问题》——爱因斯坦接受了宇宙膨胀理论，认为宇宙常数是没有必要引入的。

› 12月30日—1932年3月4日：再次赴美，大部分时间在加州理工学院。

1932 › 3月：与威廉·德西特构建了简单的膨胀的宇宙模型（这一模型一直流行到1998年）。

› 10月：任普林斯顿高等研究院教授。

› 12月10日—1933年3月28日：前往加州理工学院。

1933 › 3 月 20 日：纳粹搜查爱因斯坦的避暑小屋，4 月搜查了他位于城市的公寓。之后，纳粹悬赏杀害爱因斯坦，一本杂志称爱因斯坦"尚未被绞死"。20 世纪 40 年代，爱因斯坦的亲人们被迫害。

› 3 月 28 日：爱因斯坦到达比利时，为避免被驱逐，向他工作了 19 年的普鲁士科学院递交了辞呈。

› 4 月 4 日：爱因斯坦申请取消德国国籍，但却遭到拒绝。1934 年 3 月 24 日，因"犯罪"被取消了德国国籍。

› 居住在比利时，访问英国（6 月 10 日在牛津大学做了斯宾塞演讲）和瑞士。

› 与西格蒙得·弗洛伊德的往来书信结集出版——《为什么要战争？》。

› 9 月 9 日：前往美国。10 月 17 日，拿旅游签证赶赴普林斯顿。

1935 › 在百慕大短期旅行，在那里申请美国的永久居留权。

› 8 月：爱因斯坦居住在普林斯顿的梅瑟街 112 号，直至离世。

› 同托马斯·曼一起，帮助赫尔曼·布洛赫移民美国，之后又为众多受到纳粹迫害的犹太艺术家和科学家写了推荐信和意见书。

› 与鲍里斯·波多尔斯基和内森·罗森发表关于量子力学中的非局域性的论文（"EPR 纠缠"）。

› 与内森·罗森发表关于虫洞的论文。

1936 › 发表关于引力透镜效应的论文。

1937 › 与内森·罗森发表关于引力波的论文 。

1938 › 与利奥波德·英费尔德合作，出版了科普图书《物理学的进化》。

› 提出广义相对论运动方程（与利奥波德·英费尔德和巴内什·霍夫曼共同发表的论文，第二部分于 1940 年发表）。

1939 › 8 月 2 日：爱因斯坦在莱奥·西拉德致美国总统富兰克林·罗斯福的信中签名，警示总统德国有可能研发出一种可怕的"新型炸弹"——因此，曼哈顿计划启动，开始制造原子弹，不过爱因斯坦没有参与其中。

› 发表论文，反对黑洞的存在（不充分）。

1940 › 10 月 1 日：加入美国国籍。

1945 › 与恩斯特·施特劳斯发表宇宙学论文。

› 12 月 10 日：在纽约发表演讲《赢得了战争，却没有赢得和平》。

1946 › 爱因斯坦已经退休，但仍在普林斯顿和不固定的助手进行研究工作。

› 担任原子科学家紧急委员会主席。在致联合国大会的一封公开信中，呼吁成立一个世界政府。

1949 › 《爱因斯坦自述》发表，回顾了自己的科学生涯。

1952 › 11 月：爱因斯坦被邀请出任以色列总统，不过他拒绝了。

1953 › 5 月：发表公开声明，反对美国对共产主义者进行政治迫害。1954 年 4 月，爱因斯坦声明支持罗伯特·奥本海默。

1955 › 4 月 11 日：爱因斯坦签署宣言，呼吁所有国家放弃核武器（《罗素－爱因斯坦宣言》）。

› 4 月 18 日：1 点 15 分，爱因斯坦由于 1948 年被查出的腹部主动脉瘤破裂（4 月 13 日）在普林斯顿医院去世，享年 76 岁。病理学家托马斯·哈维查验遗体后，留存了爱因斯坦的大脑和眼睛（大脑的大部分现保存在芝加哥的国家健康与医学博物馆，眼睛保存在纽约）。遗体同日在特伦顿火化，奥托·纳坦和保罗·奥本海姆把爱因斯坦的骨灰撒在了一个不为人知的地方。

有关爱因斯坦的宇宙的更多资料

爱因斯坦的著作和书信

› Collected Papers. Hrsg. von Diana Kormos Buchwald u.a. Princeton University Press: Princeton ab 1987; einsteinpapers. press.princeton.edu（《爱因斯坦论全集》）

爱因斯坦的科普书籍

› Über die spezielle und allgemeine Relativitätstheorie (gemeinverständlich). Vieweg: Braunschweig 1972, 22. Aufl. [1917/1956]（《狭义与广义相对论浅说》）

› Mein Weltbild. Ullstein: Frankfurt am Main, Berlin 2010 [1934]（《我的世界观》，文集）

› Die Evolution der Physik. Rowohlt: Reinbek bei Hamburg 1995 [1938]（《物理学的进化》，与利奥波德·英费尔德共同撰写）

› Autobiographical Notes. Open Court: La Salle 1992 [1949/1979]（《爱因斯坦自述》）

› Aus meinen späten Jahren. Deutsche Verlags-Anstalt: Stuttgart 1984, 2. Aufl. [1979]（《爱因斯坦晚年文集》）

› Briefe. Diogenes: Zürich 1981 [1979]（《爱因斯坦书信集》）

› Briefwechsel 1916-1955. Langen Müller: München 2005 [1969]（《玻恩－爱因斯坦书信集（1916—1955）》，由马克斯·玻恩出版）

› Einstein sagt: Zitate, Einfälle, Gedanken. Hrsg. von Alice Calaprice. Piper: München, Berlin 2015 [1996]（《爱因斯坦语录》，艾丽斯·卡拉普莱斯编）

参考书目

› Grundzüge der Relativitätstheorie. Vieweg: Braunschweig 1990, 6. Aufl. [1956]（《相对论的基本特征》）

› Albert Einstein als Philosoph und Naturforscher. Hrsg. von Paul Arthur Schilpp. Vieweg: Braunschweig, Wiesbaden 1979（《阿尔伯特·爱因斯坦：哲学家与科学家》，保罗·阿瑟·希尔普编，文集）

网站

› 生平及著作：press.princeton.edu/einstein

› 阿尔伯特·爱因斯坦档案：www.alberteinstein.info

› 爱因斯坦卡普特故居：www.einsteinsommerhaus.de

› 爱因斯坦博物馆（伯尔尼）：www.bhm.ch/de/ausstellungen/einstein-museum

› 相对论导论：www.einstein-online.info

› 爱因斯坦的影像及影响：www.aip.org/history/einstein

› 爱因斯坦批判者的言论：www.relativ-kritisch.net

› 相对论效应可视化：www.vis.uni-stuttgart.de/institut/mitarbeiter/thomas-mueller.html

吕迪格·瓦斯和贡特尔·舒尔茨还以与本书相同的风格和呈现方式介绍了史蒂芬·霍金的生活和工作：

› Einfach Hawking. Kosmos: Stuttgart 2017, 3. Aufl.（《跟着霍金看宇宙》）

小探索家系列

★《进击的疫苗》　　定价 39.80 元

《科学美国人》专栏作家、TEDx 人气讲师写给孩子的疫苗科普书，让孩子了解 34 种拯救人类的疫苗和它们背后的科学故事，激发孩子对科学的兴趣和敬畏。

★《神奇的便便》　　定价 39.80 元

英国皇家生物学会获奖科学家、BBC 特约教授写给孩子的细菌科普书。让孩子了解 32 种细菌和人体健康之间的科学奥秘，学会用全新视角来看待微观世界。

★《了不起的密码》　　定价 39.80 元

欧洲核子研究中心物理学家写给孩子的密码学科普书，让孩子了解 62 种神奇的密码，汲取密码背后了不起的人类智慧。

★《跟着爱因斯坦学物理》 定价 39.80 元

德国物理学家、《科学画报》专栏作者写给大家的趣味物理科普书。一段妙趣横生的物理学之旅，一本书看懂爱因斯坦如何用物理学改变世界。

未完待续，《跟着霍金看宇宙》敬请期待……

Einfach Einstein! Geniale Gedanken schwerelos verständlich by Rüdiger Vaas

Copyright © 2017 by Franckh-Kosmos Verlags-GmbH & Co. KG, Stuttgart, Germany

Chinese language edition arranged through HERCULES Business & Culture GmbH, Germany

著作权合同登记号：图字18-2019-191

图书在版编目（CIP）数据

跟着爱因斯坦学物理 /（德）吕迪格·瓦斯著；
（德）贡特尔·舒尔茨绘；余荃译. -- 长沙：湖南科学
技术出版社，2021.7
　ISBN 978-7-5710-0941-0

　Ⅰ．①跟… Ⅱ．①吕… ②贡… ③余…Ⅲ．①物理学
一普及读物 Ⅳ．①O4-49

中国版本图书馆CIP数据核字（2021）第071707号

GENZHE AIYINSITAN XUE WULI

跟着爱因斯坦学物理

作　　者：［德］吕迪格·瓦斯
绘　　者：［德］贡特尔·舒尔茨
译　　者：余　荃

出 版 人：张旭东

责任编辑：刘　竞　　　　　　　　　策划出品：小博集
策划编辑：蔡文婷　　　　　　　　　文字编辑：朱凯琳
营销支持：付　佳　付聪颖　周　然　版权支持：张雪珂　辛　艳
版式设计：霍雨佳　　　　　　　　　封面设计：主语设计

出　　版　湖南科学技术出版社
　　　　　　（湖南省长沙市湘雅路276号　邮编：410008）
网　　址：www.hnstp.com
印　　刷：北京中科印刷有限公司
经　　销：新华书店
开　　本：700 mm×875 mm 1/16
字　　数：99千字
印　　张：9
版　　次：2021年7月第1版
印　　次：2021年7月第1次印刷
书　　号：ISBN 978-7-5710-0941-0
定　　价：39.80元

若有质量问题，请致电质量监督电话：010-59096394　团购电话：010-59320018